科技民生系列丛书

主编：中国科协学会服务中心
编著：国家气候中心

气候变化与碳达峰、碳中和

图书在版编目（CIP）数据

气候变化与碳达峰、碳中和 / 中国科协学会服务中心主编；国家气候中心编著. -- 北京：气象出版社，2022.3

（科技民生系列丛书）

ISBN 978-7-5029-7630-9

Ⅰ. ①气… Ⅱ. ①中… ②国… Ⅲ. ①气候变化－对策－研究－世界②二氧化碳－排气－研究－世界 Ⅳ. ①P467②X511

中国版本图书馆CIP数据核字(2021)第254126号

Qihou Bianhua yu Tandafeng、Tanzhonghe

气候变化与碳达峰、碳中和

中国科协学会服务中心　主编　　国家气候中心　编著

出版发行：气象出版社

地　　址：北京市海淀区中关村南大街46号　　　邮政编码：100081

电　　话：010-68407112（总编室）　010-68408042（发行部）

网　　址：http://www.qxcbs.com　　　E-mail：qxcbs@cma.gov.cn

责任编辑：邵　华　张玥滢　　　终　　审：吴晓鹏

责任校对：张硕杰　　　责任技编：赵相宁

设　　计：郝　爽

印　　刷：北京地大彩印有限公司

开　　本：710mm×1000mm 1/16　　　印　　张：14.25

字　　数：204千字

版　　次：2022年3月第1版　　　印　　次：2022年3月第1次印刷

定　　价：68.00元

本书如存在文字不清、漏印以及缺页、倒页、脱页等，请与本社发行部联系调换

《气候变化与碳达峰、碳中和》编委会

主　编：巢清尘　国家气候中心 主任 研究员

副主编：张永香　国家气候中心 研究员

　　　　黄　磊　国家气候中心 研究员

编　委：

王　谋　中国社会科学院生态文明研究所 研究员

王长科　国家气候中心 研究员

马丽娟　国家气候中心 副研究员

刘　哲　中国城市经济学会 副研究员

於　琍　国家气候中心 研究员

陆春晖　国家气候中心 研究员

韩振宇　国家气候中心 副研究员

樊　星　国家应对气候变化战略研究和国际合作中心 助理研究员

董思言　国家气候中心 副研究员

丛书序

科技工作永葆初心 人民生活赖之以好

习近平总书记在党的十九大报告中指出，中国共产党人的初心和使命，就是为中国人民谋幸福，为中华民族谋复兴。“靡不有初，鲜克有终”。实现中华民族伟大复兴，需要一代又一代人为之努力。初心和使命正是激励人们不断前进、不断取得事业成功的根本动力。习近平总书记在“科技三会”上提出，“科技是国之利器，国家赖之以强，企业赖之以赢，人民生活赖之以好。中国要强，中国人民生活要好，必须有强大科技”。这不仅是新时代对科技工作提出的要求，更是广大科技工作者投身科技事业的初心。

作为科技工作者的群众组织，中国科协自1958年正式成立以来，在近六十年的发展历程中，一直将人民群众的需求、参与和支持作为事业发展的基础。科技事业是人民的事业，人民群众的支持就是科协事业发展的根本动力，人民群众的需求就是科协工作的主要方向，人民群众的参与就是科协工作的坚实基础。在党中央、国务院的正确领导下，中国科协不断健全组织、壮大队伍，通过各级学会和科协各级组织团结带领广大科技工作者围绕中心、服务大局，在推动改革开放、实施科教兴国战略和人才强国战略、建设创新型国家方面做出了应有的贡献。

当前，中国特色社会主义已进入了新时代。随着经济社会不断发展，我国社会主要矛盾已经转化为人民日益增长的美好生活需要和不平衡不充分的发展之间的矛盾，这对科技工作提出了新任务新要求，需要科技创新在推动解决发展不平衡不充分方面发挥更大作用，提高社会发展水平，改善人民生活，提高全民科学素养。科技工作者更要积极行动起来，认清新时代新变化新任务新使命：让科技更好惠及民生、创造人民美好生活。科技的发展承载着13亿多中国人民对美好生活的憧憬和向往。科学研究既要追求知识和真理，也要服务于经济社会发展和广大人民群众，要想人民之所想、急人民之所急，将人民的需要和呼唤作为科技工作的动力和方向。为人民创造美好生活，必须牢牢抓住并下大力气解决人民最关心最直接最现实的问题，必须多谋民生之利、多解民生之忧，必须始终把人民利益摆在至高无上的地位，让科技发展成果更多更彻底惠及全体人民。

为贯彻落实党的十九大精神，以及"科技三会"上中央领导同志的要求，中国科协学会服务中心组织动员中国科协所属全国学会、协会、研究会，发挥科技社团专家的群体智慧和专业优势，编撰出版了"科技民生系列丛书"。这套丛书针对广大社会公众关切的热点和焦点问题，发出科技界的最新认识和回应，让科学知识走进千家万户，让科技成果服务广大公众。在编写过程中，我们深深感觉到，科技不是万能的，限于科技发展的客观水平，当前很多民生关切问题，科学技术还不能提供完美的解决方案。所以，这套丛书出版，不仅是向公众展示科技界已经取得的成绩，更是科技界继续奋斗解决民众关注问题的一份誓言书。我们希望能够不断满足人民日益增长的美好生活需要，使人民获得感、幸福感、安全感，更加充实，更有保障，更可持续。

中国科协学会服务中心

2017年12月

序

人类自350万年前出现在东非草原起，就开始影响着地球环境。从狩猎、农耕，到1750年开始的工业化和进入人类世（Anthropocene），人类改变地球环境的力度大大加剧。特别是工业化以来，人类活动成为全球气候与环境变化的主要驱动力，地球上人造物质量已超过自然生物量，地球系统的自然稳定性被打破。2020年全球大气中温室气体平均浓度达近80万年以来的最高水平，二氧化碳、甲烷和氧化亚氮的平均浓度分别比工业化前水平高出 49%、162%和23%。政府间气候变化专门委员会（IPCC）于2021年8月正式发布了第六次气候变化评估报告第一工作组报告《气候变化 2021：自然科学基础》，报告指出人类活动导致大气中温室气体浓度持续增加，造成温室气体的辐射效应进一步增强，当前人为辐射强迫已达到2.72瓦/米^2，比2013年IPCC发布第五次评估报告时所评估的2.29瓦/米^{2}增加了20%左右，所增加的辐射强迫中约 80%是由于大气中温室气体浓度的增加造成的。自工业化以来到2019年底，人类活动累积排放的二氧化碳已造成全球地表平均气温比工业化前水平升高了约 1.1 ℃。

人类文明的发展和繁荣很大程度上得益于全新世（Holocene）的宜人气候环境 。如果未来人类仍不加限制地排放温室气体，全球地表平均气温将持续升高，气候系统的各个圈层将继续变暖，地球气候系统将丧失恢复能力，进入“热室地球（Hothouse Earth）”这一不稳定的状态，届时人类将面临更大风险 。

幸运的是，国际社会已日益认识到全球气候变暖对人类当代及未来生存空间的严重威胁和巨大挑战，也充分认识到共同采取应对行动以防范和降低未来气候风险的重要性和紧迫性。中国作为世界上最大的发展中国家，在全球气候治理进程中提出了合作共赢、构建人类命运共同体的中国方案，为应对气候变化国际进程做出了历史性贡献。2020年9月以来，习近平总书记多次在重要国际场合重申，中国将采取更有力的政策和举措，二氧化碳排放力争于2030年前达到峰值、努力争取2060年前实现碳中和。实现碳达峰、碳中和是以习近平同志为核心的党中央统筹国内国际两个大局作出的重大战略决策，是一场广泛而深刻的经济社会系统性变革，是实现中华民族永续发展的必然选择，也是构建人类命运共同体的庄严承诺。

中国碳达峰、碳中和目标的提出在国际社会产生了重要影响，同时国内外也更加关注中国在应对气候变化的目标、路径、政策措施和行动。中国从碳达峰到碳中和的时间比发达国家短得多，在碳达峰时的人均排放量也比发达国家低得多，既充分反映了中国为全球气候治理所做出的巨大贡献，也意味着中国在应对气候变化行动上需要付出比发达国家更为艰苦卓绝的努力。为充分贯彻落实党中央、国务院关于碳达峰、碳中和的决策部署，加强社会各界对应对气候变化的科学认知水平，国家气候中心牵头组织了一支专业基础过硬的专家团队编写了基础知识科学读本《气候变化与碳达峰、碳中和》，基于最新的科学研究成果和政策方案，从碳达峰、碳中和的科学基础、行动基础和实现之路三个方面对气候变化与碳达峰、碳中和的基础知识进行权威解读，相信一定能够为提升社会各界对应对气候变化和碳达峰、碳中和工作的科学认知做出积极贡献。

秦大河

中国科学院院士、中国气象局原局长

2021年12月9日

前言

近百年以来，全球气候变暖已是不争的事实。2020年全球平均气温比工业化前水平（1850—1900年平均值）高出1.2℃。人类活动已累积排放了2.39万亿吨二氧化碳，造成全球地表平均气温比工业化前水平升高了约1.1℃。国际社会已日益认识到全球气候变暖对人类当代及未来生存空间的严重威胁和巨大挑战，也充分认识到共同采取应对行动以防范和降低未来气候风险的重要性和紧迫性。在2021年11月召开的《联合国气候变化框架公约》（UNFCCC）第26次缔约方大会（COP26）上，对气候变化的科学认知成为弥合各方分歧的重要工具。大会最终达成的《格拉斯哥气候协议》强调了科学认知对有效应对气候变化行动和政策制定的重要性，并直接引用了IPCC报告关于实现2℃和1.5℃温升目标的相关结论。

中国作为世界上最大的发展中国家和最大的温室气体排放国，在全球气候治理进程中提出了合作共赢、构建人类命运共同体的中国方案，为应对气候变化国际进程做出了历史性贡献。习近平主席亲自出席联合国巴黎气候变化大会并率先批准《巴黎协定》； 2020年9月以来，习近平总书记多次在重要国际场合重申，中国将采取更有力的政策和举措，二氧化碳排放力争于2030年前达到峰值、努力争取2060年前实现碳中和。

碳达峰、碳中和目标是一个涉及科学、政治、经济、技术、生活等多个方面的复杂命题。实现碳达峰、碳中和目标离不开全社会的努力。为加强社会各界对碳中和目标的系统认识，特别是气候变化与碳达峰、碳中和的关系，团队联合编写了碳达峰、碳中和基础知识科学读本《气候变化与碳达峰、碳中和》。从碳达峰、碳中和的科学基础、行动基础和实现之路三个方面对气候变化与碳达峰、碳中和的基础知识进行解读，同时结合了最新的科学研究成果和政策方案，以期能够为提高社会各界对应对气候变化和碳达峰、碳中和工作的科学认知做出积极贡献。由于编写时间有限，不当之处在所难免，也恳请广大读者批评指正，以便再版时及时修改补充。

本书第一章由黄磊完成，第二章由陆春晖完成，第三章由马丽娟、王长科完成，第四章由韩振宇、於琍完成，第五章由王谋、张永香完成，第六章由王谋、刘哲完成，第七章由张永香、刘哲完成，第八章由樊星完成，第九章由张永香完成，第十章由张永香、董思言完成。巢清尘负责全书的策划与审定，张永香、黄磊对全书做了系统修改。中国气象局气象发展与规划院李欣博士、北京师范大学博士生苏勃提供了基础材料。国家气候中心田沁花副研究员参与了文字审定和项目支撑工作。特别感谢中国科协学会服务中心对本项目的支持，感谢秦大河院士为本书作序，感谢各位审稿人在百忙之中对本书的评审，在此一并感谢！

编委会

2021年11月

目录

第三篇　碳达峰、碳中和的实

第一篇

碳达峰、碳中和的科学基础

第一章

碳达峰、碳中和是应对气候变化的必然之路

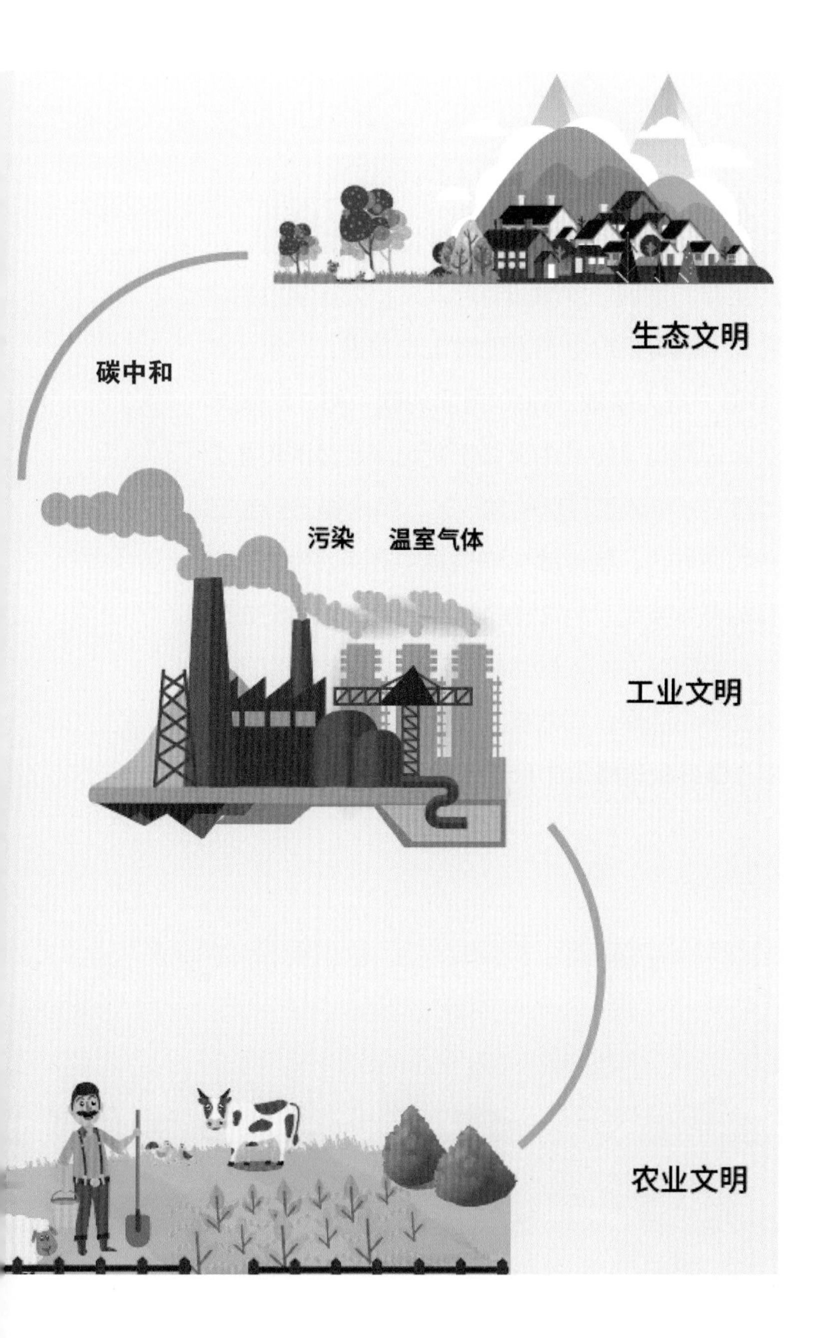

气候是人类赖以生存的自然环境，也是经济社会可持续发展的重要基础资源。工业化时期以来全球正经历着以变暖为显著特征的气候变化，已经并且仍将继续影响人类的生存与发展。2020年9月以来，习近平总书记也多次在重要国际场合重申，中国将采取更有力的政策和举措，二氧化碳排放力争于2030年前达到峰值，努力争取2060年前实现碳中和。2020年10月，党的十九届五中全会审议通过《中共中央关于制定国民经济和社会发展第十四个五年规划和二〇三五年远景目标的建议》，明确提出到2035年我国将广泛形成绿色生产生活方式，碳排放达峰后稳中有降，生态环境根本好转，美丽中国建设目标基本实现。2021年4月，习近平总书记在领导人气候峰会上进一步宣布，中国正在制订碳达峰行动计划，支持有条件的地方和重点行业、重点企业率先达峰；10月底，国务院正式发布《关于完整准确全面贯彻新发展理念做好碳达峰碳中和工作的意见》和《2030年前碳达峰行动方案》。

我国对碳达峰、碳中和的重大宣示与我国21世纪中叶建成社会主义现代化强国目标高度契合，关乎中华民族永续发展，影响深远、意义重大，为我国当前和今后一个时期，乃至21世纪中叶应对气候变化工作、绿色低碳发展和生态文明建设提出了更高的要求、擘画了宏伟蓝图、指明了方向和路径，对于加快形成以国内大循环为主体、国内国际双循环相互促进的新发展格局，推动高质量发展，建设美丽中国具有重要意义。

第一节　碳达峰、碳中和的科学内涵

为什么要实现碳中和?

近百年来全球气候出现了以变暖为主要特征的系统性变化。工业化以来由于煤、石油等化石能源大量使用而排放的二氧化碳和其他温室气体，造成了大气温室气体浓度升高，温室效应增强，导致了工业化时期以来的气候系统变暖。2019年，全球大气中二氧化碳、甲烷和氧化亚氮的平均浓度分别为410.5±0.2 ppm*、1877±2 ppb*和332.0±0.1 ppb，较工业化前（1750年之前）水平分别增加48%、160%和23%，达到过去80万年来的最高水平。2019年，大气中主要温室气体增加造成的有效辐射强迫已达到3.14瓦/米^2，明显高于太阳活动和火山爆发等自然因素所导致的辐射强迫，是全球气候变暖最主要的影响因子。2021年8月发布的政府间

* ppm 为百万分之一，下同
  ppb 为十亿分之一，下同

气候变化专门委员会（以下简称IPCC）第六次评估报告（AR6）第一工作组报告《气候变化2021：自然科学基础》评估指出，大气中二氧化碳等温室气体浓度的持续增加造成温室气体的辐射效应进一步增强，当前人为辐射强迫为2.72瓦/米^2，比2013年IPCC第五次评估报告（AR5）第一工作组报告所评估的2.29瓦/米^{2}高20%左右，所增加的辐射强迫中约80%是由于大气中温室气体浓度增加造成的。

二氧化碳是最主要的温室气体。地球大气中本身就含有一定浓度的二氧化碳，地球上许多不同的自然生态系统过程也都吸收和释放二氧化碳，因此大气中的二氧化碳浓度本身就存在时间和空间上的自然变率。当二氧化碳（不管是自然释放的还是人为排放的）进入大气时会被风混合，并随着时间的推移而分布到全球各地。这种混合过程在北半球或南半球的尺度上需要一到两个月的时间，在全球尺度上则需要一年多的时间，北半球和南半球之间混合的速度很慢，主要是因为地球大气运动主要以纬向为主。

如果用一个游泳池里面的水量来代表大气中的二氧化碳含量，用水位高低的变化来代表大气中二氧化碳总量的变化（图1–1a），那么，在没有人为碳排放的情况下，这个游泳池的水位也会发生变化，因为有雨水进入（代表地球自然生态系统排放的二氧化碳）使水位增加，自然系统也不断消耗水分（代表地球自然生态系统吸收二氧化碳，即自然碳汇）又使水位降低。在自然状态下泳池的水位基本上是动态平衡的。

但是，由于工业化以来，人类大量使用煤炭、石油等化石能源，从而产生了人为碳排放。这相当于在游泳池上面安装了一个水龙头，水龙头向游泳池中流入的水量代表了人为碳排放量（图1–1b）。工业化以来，人为碳排放使游泳池水位快速增加。人为排放的二氧化碳一部分留在了大气中造成大气二氧化碳浓度升高，另一部分则被海洋和陆地自然过程吸收。1850—2019年，人类活动累积排放二氧化碳约有23900亿吨，部分被自然吸收后造成了目前相比工业化前超过1℃的温升。

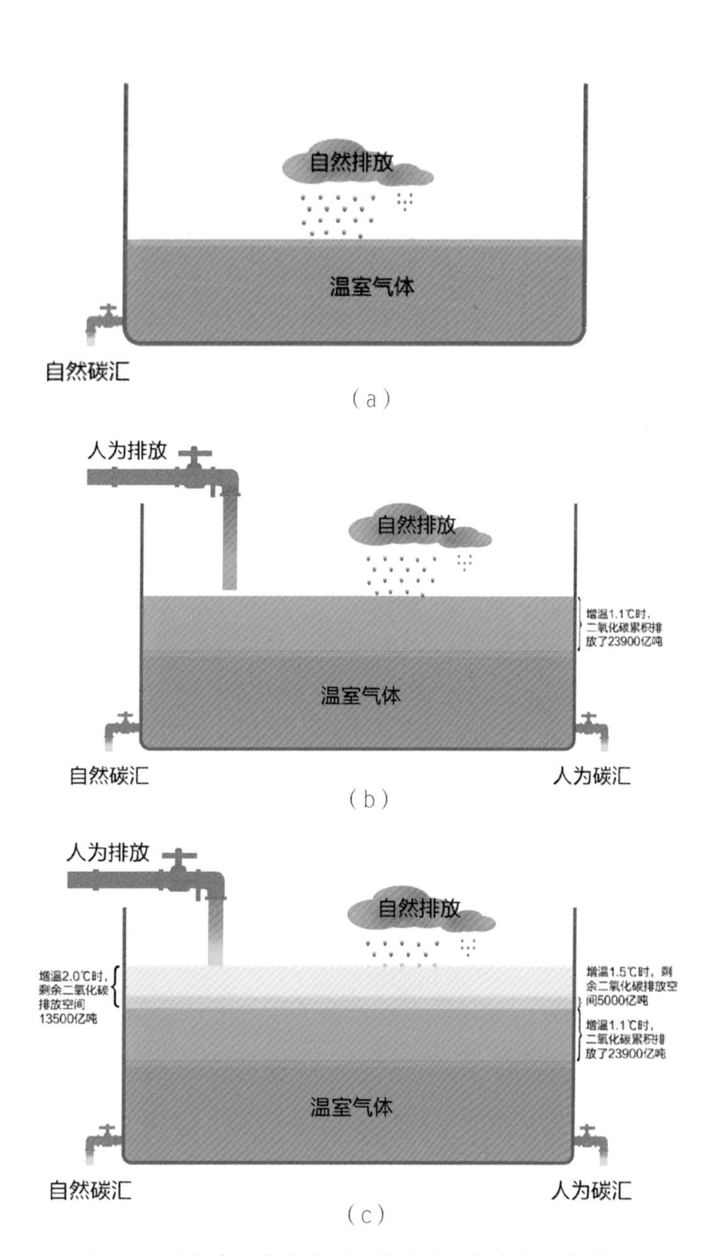

图1-1　大气中二氧化碳循环累积及未来变化示意图

在未来人为碳排放量持续增加的情景下，虽然海洋和陆地会吸收更多的人为碳排放，但吸收的比例会逐渐降低，使更多的二氧化碳被留在了大气中。未来如果游泳池水位继续升高，全球气温也将继续升高；只有当水位保持稳定的情况下（人为碳排放为净零，即碳中和）（图1–1c），全球温升幅度才会稳定在一定的水平上。

要控制全球地表平均气温的升高幅度，就需要将人为碳累积排放量控制在一定范围内，使大气中二氧化碳浓度不再增长。但是，由于实际温升并不完全是由二氧化碳的温室效应造成的，甲烷、氧化亚氮等其他温室气体也对全球变暖有很重要的贡献，因此，要想控制温升，仅使大气二氧化碳浓度不再升高是不够的，还必须要中和掉其他温室气体对全球温升的贡献，实现温室气体中和。由于甲烷等其他温室气体并不像二氧化碳那样能被自然过程或人工过程吸收，因此实现温室气体中和除了需要大幅减少非二氧化碳温室气体排放之外，还需要通过二氧化碳负排放等手段来抵消甲烷等其他温室气体对增暖的贡献。

实现了温室气体中和也并不意味着全球地表平均气温就不再变化，因为人类活动还通过改变土地利用和土地覆盖方式等手段影响气候变化。改变土地利用和土地覆盖方式将使地表反照率发生变化，这就改变了地表和大气之间的能量以及物质交换，影响了地表的能量平衡，进而影响气候的变化。因此，要想真正控制温升，还需要通过中和的方式使人类活动的其他影响也达到净零，也就是实现气候中和。

随着国际社会对气候变化科学认识的不断深化，世界各国都已认识到应对气候变化是当前全球面临的最严峻挑战之一，积极采取措施应对气候变化已成为各国的共同意愿和紧迫需求（图1–2）。

《巴黎协定》在第二条中规定了全球温升控制目标，但并没有提出碳中和、温室气体中和或气候中和的概念，也没有给出碳中和的实现路径，

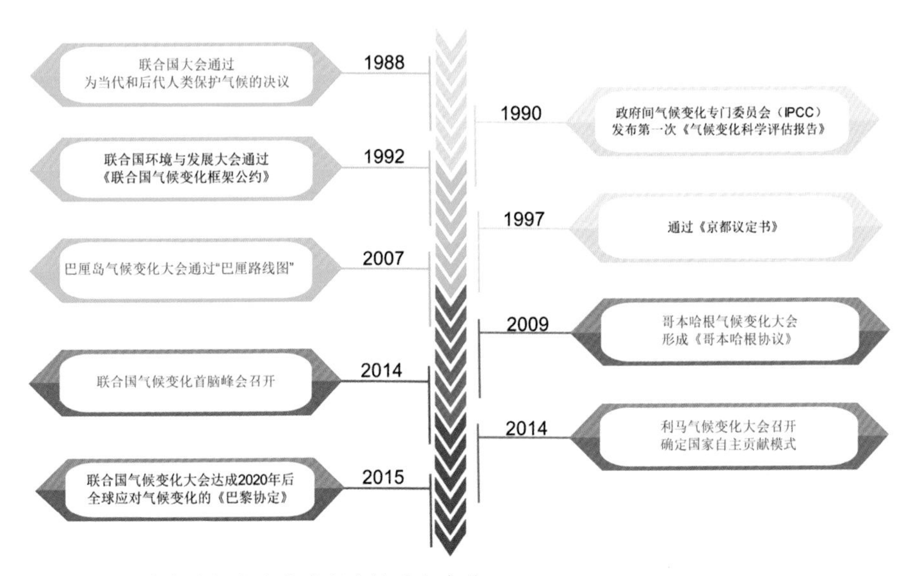

图1-2　全球应对气候变化进程中的重大事件

仅在第四条中提出全球要在21 世纪下半叶实现人为源的温室气体排放与汇的清除量之间达到平衡。2018年10月，IPCC发布的《全球1.5℃增暖》特别报告基于模式结果评估认为，实现1.5℃温升需要大幅减少二氧化碳以及甲烷等其他温室气体排放，使全球2030年二氧化碳排放量在2010年基础上减少约45%，并在2050年左右达到净零排放；实现2℃温升需在2070年左右达到净零排放。第六次评估报告第一工作组报告评估了从很高到很低5个排放情景的温升，评估认为仅有很低和低两种排放情景可分别实现1.5℃和2℃的温升控制目标：很低排放情景下，全球温室气体排放量需从21世纪20年代开始下降，到2050年左右实现二氧化碳的净零排放并在之后达到二氧化碳的负排放；在低排放情景下，全球温室气体排放量也需从21世纪20年代开始下降，到2070年左右实现二氧化碳的净零排放并在之后达到二氧化碳的负排放。实现1.5℃和2℃温控目标还均需要大幅减少其他温室气体的排放，其中甲烷和二氧化硫的排放量会显著影响温控目标的实现。

实现碳中和还有多少剩余排放空间?

全球气候变暖的温升幅度越大，气候变化带来的影响、风险和威胁也就越大。1992年，联合国通过《联合国气候变化框架公约》（以下简称《公约》），将“将大气中温室气体的浓度稳定在防止气候系统受到危险的人为干扰的水平上，从而使生态系统能够自然地适应气候变化、确保粮食生产免受威胁，并使经济发展能够可持续地进行”设为《公约》目标，但《公约》并没有确定什么才是“气候系统危险的人为干扰水平”。根据《公约》第二条的规定，确定气候系统危险的人为干扰水平至少有3个必要条件：生态系统可以自然适应；确保粮食生产；经济可持续发展。《公约》第二条的这一规定说明如果气候系统受到危险的人为干扰，则人为影响将使生态系统不能够自然地适应气候变化，使粮食生产受到威胁，并使经济发展不能够可持续地进行。

为了量化《公约》第二条“气候系统危险的人为干扰水平”，欧盟于1996年召开的欧盟委员会第1939次会议上首次提出了温升幅度相比工业化前不超过“2℃”的目标。2004年，欧盟又确定了应对气候变化的中长期战略目标：为尽可能将全球增温控制在2℃以内，全球温室气体浓度必须低于550ppm的二氧化碳当量水平；要使2020年之前的全球温室气体排放量达到峰值，并将2050年的排放量控制在1990年水平的50%以内。在2009年哥本哈根气候变化大会上，《公约》各缔约方首次就“2℃温升目标”展开讨论并纳入《哥本哈根协议》。2010年的《坎昆协议》确定了2℃温升目标的提法，同时也提出了

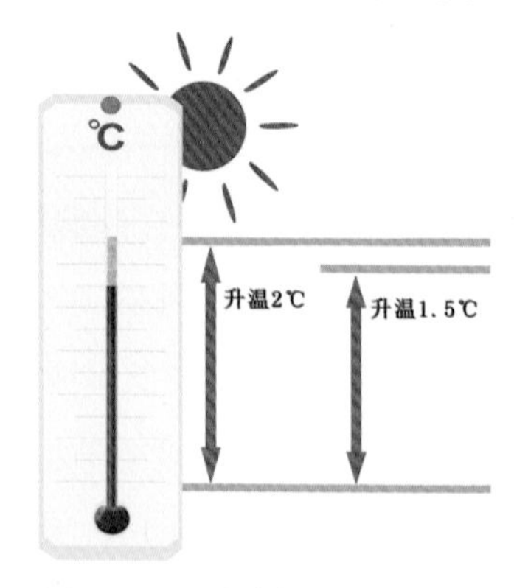

图1-3 温升控制目标

在科学上需考虑“1.5℃温升目标”。2015年12月，《巴黎协定》将温控2℃和力争实现1.5℃温升目标以书面形式确定下来（图1–3）。

人类排放的温室气体数量和温升数值之间的关系非常复杂，特别是温室气体排放量、温室气体浓度和温升之间并不存在一一对应的同步变化关系。全球气候变暖的幅度与全球二氧化碳的累积排放量之间存在着近似线性的相关关系，也就是说，全球二氧化碳的累积排放量越大，全球气候变暖的幅度就越高。2013年9月发布的IPCC第五次评估报告第一工作组报告指出，如果将工业化以来全球温室气体的累积排放量控制在1万亿吨碳（36670亿吨二氧化碳），那么人类有三分之二的可能性能够把全球升温幅度控制在2℃（与1861—1880年相比）以内；如果把累积排放量放宽到1.6万亿吨碳，那么只有三分之一的概率能实现2℃的温控目标。2021年8月发布的IPCC第六次评估报告第一工作组报告进一步确认了全球气候变暖的幅度与全球二氧化碳的累积排放量之间存在的近似线性的相关关系，指出人类活动每排放1万亿吨二氧化碳，全球地表平均气温将上升0.27~0.63℃，最佳估计值是0.45℃。自工业化以来到2019年底，人类活动已累积排放了23900亿吨二氧化碳，造成全球地表平均气温比工业化前水平升高了1.07℃。

根据IPCC第六次评估报告所评估的全球气候变暖幅度与全球二氧化碳的累积排放量之间的近似线性相关关系，如果实际的温升完全是由二氧化碳的温室效应造成的，那么我们可以简单推论，未来如果要把温升水平控制在不超过工业化前1.5℃，那么工业化以来人类累积排放的二氧化碳总量不能超过33330亿吨，如果要把温升水平控制在不超过工业化前2℃，那么工业化以来人类累积排放的二氧化碳总量不能超过44440亿吨。但是，实际的温升并不完全是由二氧化碳的温室效应造成的，甲烷、氧化亚氮等其他温室气体也对全球变暖有很重要的贡献，而硫化物等气溶胶又在一定程度上降低了全球地表气温。因此，在计算未来碳排放空间时，还应考虑其他温室气体和气溶胶对全球温升的贡献。同时，还需要考虑气候系统的反馈作用，如未来当全球气温进一步升高时，极地和高原地区的多年冻土会迅速融化，释放出更多的甲烷、二氧化碳等温室气体，反过来又进一步使全球气温升高。地球上冻土面积约占陆地面积的50%，其中多年冻土面积占陆地面积的25%。多年冻土的上层是活动层，多年冻土融化会使活动层的厚度相应增加，增加的活动层中的甲烷及二氧化碳等温室气体会释放到大气中，加剧全球气候变暖。

此外，由于二氧化碳是长寿命温室气体，在计算达到某一阈值温室水平下的碳排放空间时，还需考虑到人为二氧化碳排放达到净零后全球气温的变化，也就是说，即使人为二氧化碳排放达到净零，之前已经排放的二氧化碳的温室效应还会使全球气温继续上升一段时间。

在综合考虑了非二氧化碳温室气体的贡献等其他因素后，未来累积二氧化碳排放空间会进一步缩小。IPCC第六次评估报告第一工作组报告评估指出，在50%的概率下，如果控制1.5℃温升水平，2020年后的剩余二氧化碳排放空间为5000亿吨；控制2℃温升水平，剩余二氧化碳排放空间为13500亿吨（图1–4）。为实现控制1.5℃或2℃温升水平的目标，从当前起应逐步降低温室气体排放量。在1.5℃的情景下，如果假设二氧化碳排放量从2020年开始线性下降到净零，则在5000亿吨的约束条件下，需要到2045年线性下降到净零；在2℃的情景下，需要到21世纪后半叶下降到净零。

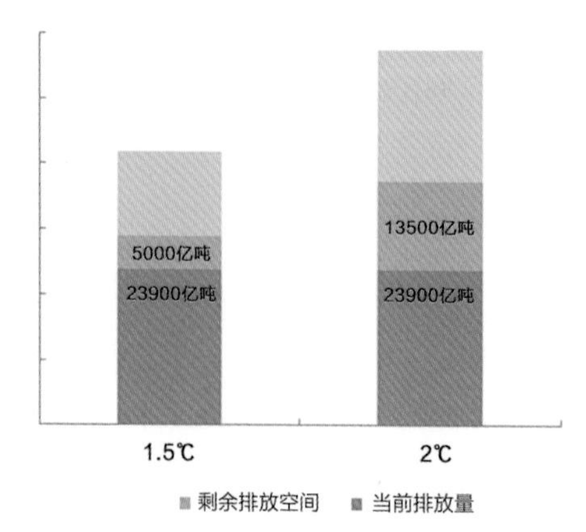

图1–4 不同温升目标下的剩余碳排放空间

碳达峰和碳中和的关系是什么?

碳达峰是指在全球、国家、城市、企业等主体的碳排放在由升转降的过程中，碳排放的最高点，即碳峰值。碳中和是指人为排放和吸收之间达到平衡，即实现人为二氧化碳的净零排放。IPCC第六次评估报告再次确认了全球气候变暖的幅度与二氧化碳累积排放量之间存在的近似线性相关关系，并明确指出未来的温升是由历史排放和未来排放共同造成的。《巴黎协定》在强调应对气候变化“共同但有区别的责任”原则和公平原则的同时，也在第四条第一款明确指出：为了实现第二条规定的长期温度目标，缔约方旨在尽快达到温室气体排放的全球峰值，同时认识到发展中国家缔约方需要更长的时间实现达峰。对于发达国家而言，很多国家早在二十世纪七八十年代就已经实现了碳达峰，碳排放进入下降通道。而对发展中国家来说需要更长的时间来实现碳达峰。我国目前碳排放虽然比2000—2010年的快速增长期增速放缓，但仍呈增长态势，尚未达峰。

碳达峰和碳中和这两个目标是有机相连的，碳达峰不是创造高峰，或者冲出高峰，而是对标碳中和去达峰。碳达峰是实现碳中和的基础和初始条件。碳达峰是具体的近期目标，碳中和是中长期的愿景目标，二者相辅相成。尽早实现碳达峰，努力“削峰”，可以为后续碳中和目标留下更大的空间和灵活性。而碳达峰时间越晚，峰值越高，则后续实现碳中和目标的挑战和压力越大。如果碳达峰峰值高，碳中和的代价就会比较高。实现碳达峰就意味着工业、电力、交通、建筑等行业都要碳达峰。如果说碳达峰需要在现有政策基础上再加一把劲儿的话，那么实现碳中和目标仅在现有技术和政策体系下努力还远远不够，需要社会经济体系的全面深刻转型和科学技术全面创新。

第二节　碳达峰、碳中和是生态文明建设的重要抓手

1972年6月，联合国在瑞典首都斯德哥尔摩召开人类环境会议，通过了《人类环境宣言》，确定每年6月5日为“世界环境日”，揭开了人与自然关系的新篇章。联合国召开人类环境会议的主要原因是自20世纪60年代以来全球性的环境危机日益加剧，环境问题逐渐成为威胁人类生存和发展的最大问题之一。面对日益严重的环境问题，人们开始重新思考人与自然的关系，开始检讨工业文明发展模式以及其背后的征服论自然观。也就是说，环境问题是由于人与自然关系的破裂引起的，而人与自然关系的破裂又是征服论自然观导致的，也意味着人类的生存和发展将面临进一步的危机。

1987年，挪威前首相布伦特兰领导的世界环境与发展委员会发布了关于人类未来的报告《我们共同的未来》，在这部报告中第一次提出了“可持续发展”的概念：可持续发展是既满足当代人的需求，又不损害子孙后代利益的发展方式。换句话说，可持续发展要求当代人不能干让子孙后代痛恨的事。可持续发展的内涵非常广泛，包括环境、经济、社会等多个维度，其基本思想是以保护自然环境为基础，以激励经济增长为条件，以改善和提高人类生活质量为目标。可持续发展概念的提出具有重要的意义，它有利于促进环境效益、经济效益和社会效益的统一，有利于促进经济增长方式由粗放型向集约型转变，使经济发展与人口、资源、环境相协调。

从人与自然关系的角度来看，人类文明的发展可以分为原始文明、农业文明、工业文明、生态文明等几个阶段，生态文明是人类文明发展的一个新阶段和一种新形态。人类文明的发展史就是人与自然的关系史。从原始文明时期人类对自然的敬畏和崇拜，到农业文明时期人类对自然的模仿

和改造，再到工业文明时期人类对自然的征服和控制，这一发展历程体现了人与自然关系的嬗变。在工业文明出现以前，人类对自然虽然造成了一定程度的破坏，但并未超出自然的调整能力，人与自然的矛盾还未充分显露。然而，到了工业文明阶段，由于自然科学的发展、生产技术的进步，人类在创造巨大物质财富的同时，也对自然造成了严重破坏，导致人与自然关系失衡。人与自然是生命共同体，人类必须尊重自然、顺应自然、保护自然，才能与自然和谐发展。人类只有遵循自然规律才能有效防止在开发利用自然上走弯路，人类对自然的伤害最终会伤及人类自身，这是无法抗拒的规律。恩格斯也有过类似的说法："我们不要过分陶醉于对自然界的胜利，对于每一次这样的胜利，自然界都报复了我们。"这就意味着，人类应该尊重自然规律，协调好人与自然的关系，做自然的伙伴、朋友，而不是仆人或主人。因此，人类尊重、顺应、保护自然的目的，是为了实现人与自然和谐发展，走向生态文明（图1–5）。

生态文明是人类为保护和建设美好生态环境而取得的物质成果、精神成果和制度成果的总和，它既是可持续发展的重要内容，又是可持续发展的重要载体。生态文明建设与可持续发展相辅相成、相互促进，这表现在一方面生态文明建设可以推动可持续发展，另一方面可持续发展也是生态文明建设的驱动力。当前我国经济社会发展与生态环境保护的矛盾仍比较突出，污染防治任重道远。只有大力推动生态文明建设，转变发展方式，才能保持良好的生态环境，实现人与自然和谐相处，实现经济效益、环境效益和社会效益的协调统一。我国要建设的现代化是高质量发展的现代化，是人与自然和谐共生的现代化，既要创造更多物质财富和精神财富以满足人民日益增长的美好生活需要，也要提供更多优质生态产品以满足人民日益增长的优美生态环境需要，这既体现了尊重自然、顺应自然、保护自然的生态文明理念，又体现了又好又快的高质量发展要求，为实现

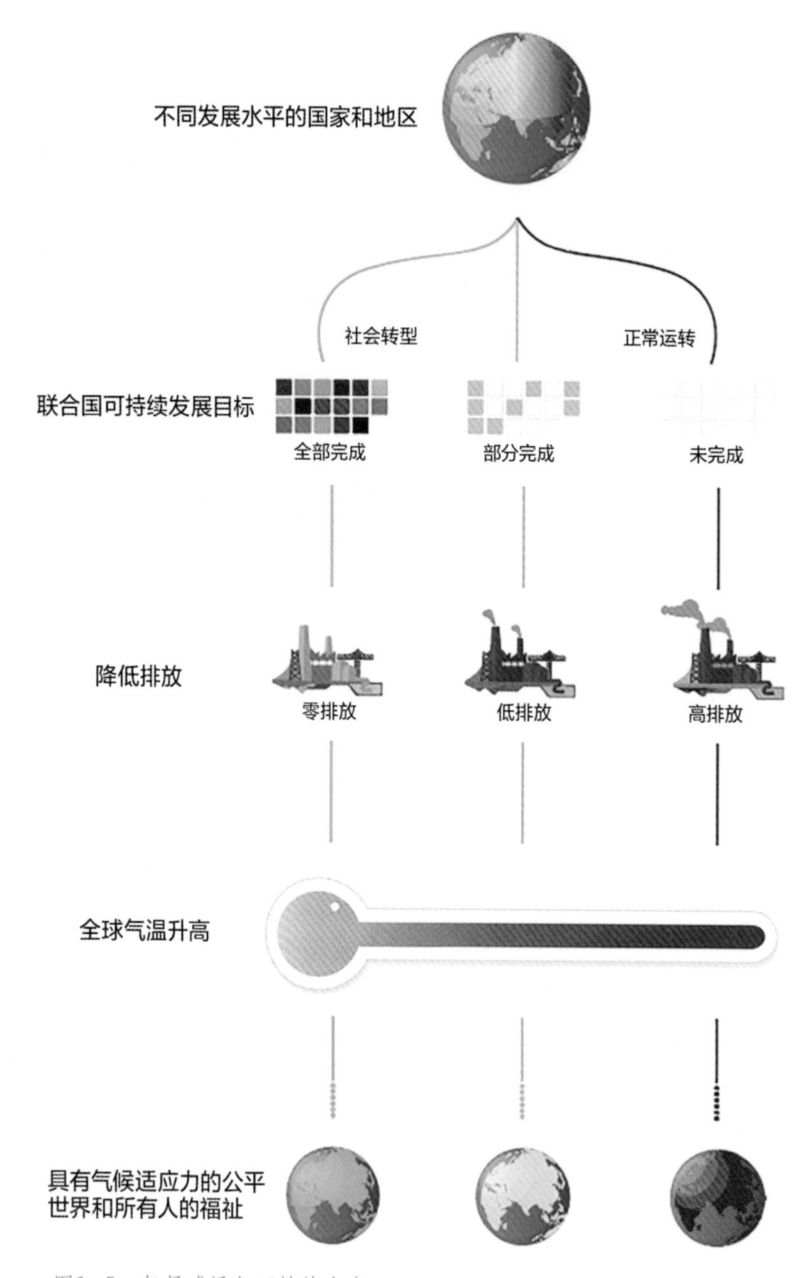

图1-5　气候减缓与可持续未来
注：根据IPCC第六次评估报告改绘

"十四五"规划目标，为到2035年基本实现现代化和生态环境质量根本好转，提供了科学路径。

碳达峰、碳中和是应对气候变化的必然之路。应对气候变化的主要方式是减缓和适应气候变化。为保证气候变化在一定时间段内不威胁生态系统、粮食生产、经济社会等的可持续发展，将大气中温室气体的浓度稳定在防止气候系统受到危险的人为干扰的水平上，必须通过减缓气候变化的政策和措施来控制或减少温室气体的排放（图1-6）。

图1-6　控制温室气体排放途径

第三节 碳达峰、碳中和的积极意义

2020年，各国在更新国家自主贡献目标的同时纷纷提出碳中和目标，全球开启了迈向碳中和目标的国际进程，对未来世界经济和国际秩序具有重要而深远的影响。碳达峰、碳中和工作为新发展阶段的中国低碳发展确立了新目标、注入了新动力，开启跨越式创新，符合中国高质量发展的内在演化逻辑。这一战略部署符合中国可持续发展的内在要求，也是维护气候安全、共谋全球生态文明建设的必然选择。

我国碳达峰、碳中和目标与长期发展战略密不可分。党的十九大提出“两个一百年”奋斗目标，即到2035年基本实现社会主义现代化，到21世纪中叶把我国建成富强民主文明和谐美丽的社会主义现代化强国，并把2020年到21世纪中叶的现代化进程分为两个阶段。碳达峰、碳中和目标正是百年奋斗目标的两个阶段。第一阶段，2030年前碳排放达峰，与2035年中国现代化建设第一阶段目标和美丽中国第一阶段目标相吻合，是中国2035年基本实现现代化的一个重要标志。第二阶段，2060年前实现碳中和目标，与《巴黎协定》提出的全球平均温升控制在工业革命前的2℃以内并努力控制在1.5℃以内的目标相一致，与中国在21世纪中叶建成社会主义现代化强国和美丽中国的目标相契合，实现碳中和是建成现代化强国的一个重要内容（图1–7）。

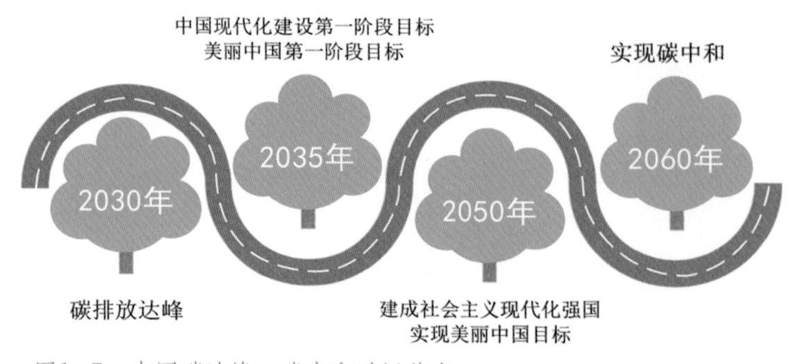

图1–7 中国碳达峰、碳中和时间节点

碳达峰、碳中和目标与我国生态文明建设是相辅相成的。从传统工业文明走向现代生态文明，是应对传统工业化模式不可持续危机的必然选择，也是实现碳达峰、碳中和目标的根本前提。同时，大幅减排，做好碳达峰、碳中和工作，又是促进生态文明建设的重要抓手。工业革命后建立的基于传统工业化模式的工业文明，代表人类历史上伟大的进步，但这种以工业财富大规模生产和消费为特征的发展模式，高度依赖化石能源和物质资源投入，必然会产生大量碳排放、资源消耗和破坏生态环境，导致全球气候变化和发展不可持续。这就要求人类要大幅减少碳排放，及早实现碳达峰和碳中和。

一方面，实现碳达峰、碳中和目标，其根本前提是生态文明建设。碳中和意味着经济发展与碳排放必须在很大程度上脱钩。从根本上改变高碳发展模式，即从过于强调工业财富的高碳生产和消费，转变到物质财富适度和满足人的全面需求的低碳新供给。这背后，又取决于价值观念或“美好生活”概念的深刻转变。“绿水青山就是金山银山”的生态文明理念，就代表价值观念和发展内容向低碳方向的深刻转变。

另一方面，深度减排、实现碳中和又是生态文明建设的重要抓手。从传统工业化模式向生态文明绿色发展模式转变，是一个“创造性毁灭”的过程。在这个过程中，新的绿色供给和需求在市场中“从无到有”地出现，非绿色的供给和需求则不断被市场淘汰。中国宣布2060年前实现碳中和目标，并采取大力减排行动，就为加快这种转变建立了新的约束条件和市场预期。全社会的资源就会朝着绿色发展方向有效配置，绿色经济就会越来越有竞争力，生态文明建设进程就会加快。

此外，碳达峰、碳中和目标的协同效应同样非常重要。其中包括与大气污染物的协同治理，与生态治理的协同，与能源安全目标的协同，与废弃物、废水、固体废物的协同治理等。气候政策最重要的驱动力不仅来自避免气候变化的长期影响，还包括实现近期的可持续发展目标，其中最为紧迫的就是解决国内空气污染问题。近年来中国的大气污染治理在重点区域（京津冀地区、长三角地区、珠三角地区）取得了显著的协同效益。以京津冀地区为例，2013—2017年，$PM_{2.5}$年平均浓度下降了39.6%，北京、天津和河北三地的碳强度则分别下降了28%、24%和15%。另外，以智利、芬兰、挪威为代表的一些国家通过治理短寿命污染物，也取得了显著的环境与气候变化效益。

第二章 气候变化及其原因

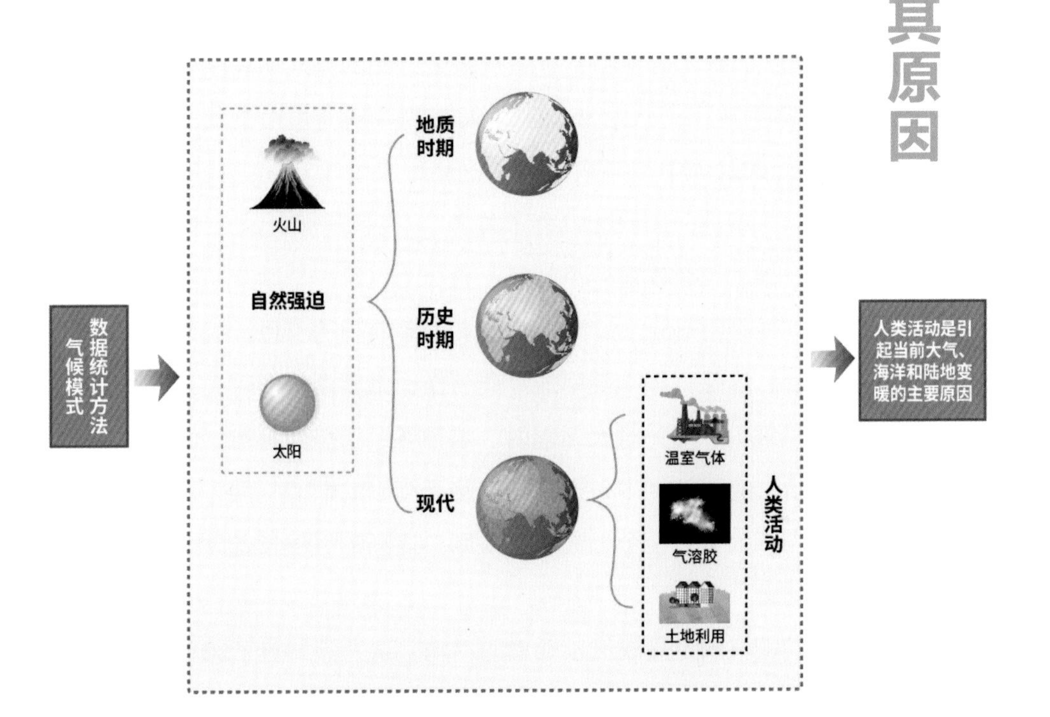

第一节　什么是气候变化

什么是气候

气候（Climate）一词源于古希腊，意思是斜度，指的是地球表面弯曲的程度。早期的希腊哲学家们认为从南到北天气的差别就是由于地球表面斜度不同造成的。在汉语中，“气候”一词最早来源于我国古代的二十四节气、七十二候。秦汉时期我国就有了关于二十四节气和七十二候的官方记录，五天为一候，三个候是一个节气，六个节气是一个季节，四个季节是一年。19世纪出现了3位气候学的奠基人：奥地利的汉恩，编写了三卷《气候学手册》，这是气候学最早的经典著作；俄罗斯伏耶可夫，出版了《全球与俄国气候》一书，对太阳辐射、水循环、下垫面等对气候的影响作了全面的分析；德国的柯本，提出了完整而简明的数值气候分类方法，把全球气候分为五大类，至今仍被广泛采用。逐渐的气候学走向成熟，有了自己的科学定义，形成了一门学科。

开始的时候，人们把气候定义成气象要素的平均，认为假如有了30年的观测数据，就可以计算得到一个稳定的平均值来反映气候。但逐渐人们开始意识到，30年或者更长时间的平均值并不是一成不变的，气候也存在着一定程度的变化。近几十年来随着科学的发展，现代气候关于“气候系统”的概念逐渐取代了传统气候的定义，科学家们认为气候的定义应该指气候系统的状态，包括平均气候状态和气候变化变率。现代气候的概念在两方面得到了提升，一是由大气状态的平均状况概念发展为“气候变化”的概念；二是气候从一个局地的、低层大气特征的概念转变为全球气候系统的概念，强调大气圈、水圈、冰冻圈、岩石圈和生物圈这五大圈层的相互作用是气候变化的重要驱动因子。人们也逐渐认识到解释气候的形成、探索气候变化的原因、预估气候变化趋势的重要性。在研究整个气候系统变化特征的过程中，也逐渐发现了影响气候系统变化特征的不同因子。

什么是气候变化

气候变化是指气候平均值（通常使用30年平均）和气候距平（相对于气候平均值的偏差）出现了统计意义上的显著变化。平均值的变化表征气候系统平均状态发生了变化，气候距平的变化表明气候系统状态不稳定性的增加，偏离平均态的值越大表明气候异常越显著。描述气候变化一定要与时间尺度密切联系，在不同的时间尺度下，气候变化的内容、表现形式和主要影响因子都各不相同。

根据气候变化时间尺度和影响因子的不同，一般将气候变化分成三类：即地质时期的气候变化、历史时期的气候变化和现代气候变化。地球形成为行星的时间尺度大约为46亿年，根据地质沉积层的推断，地球的气候史大约可以追溯到20亿年前。地质时期的气候经历着几十年到几亿年为周期的变化，万年以上尺度的可以归类为地质时期的气候变化，如冰期和间冰期旋回。而人类文明产生以来（1万年以内）的气候变化可以归类为历史时期的气候变化，即第四纪更新世晚期的末次冰期结束，全新世降临。此时，冰川退缩、海平面回升，气候和生物带向两极迁移。1850年后，全球逐渐开始有器测的气候记录，因此一般把1850年以来的气候变化视为现代气候变化（图2–1）。

近几十年来人们最为关心的气候变化，主要指的是20世纪50年代开始的全球增暖，IPCC第六次评估报告已经明确指出“毋庸置疑人类活动引起了全球增暖”。人类活动主要指的是工业革命以来，向大气中排放了大

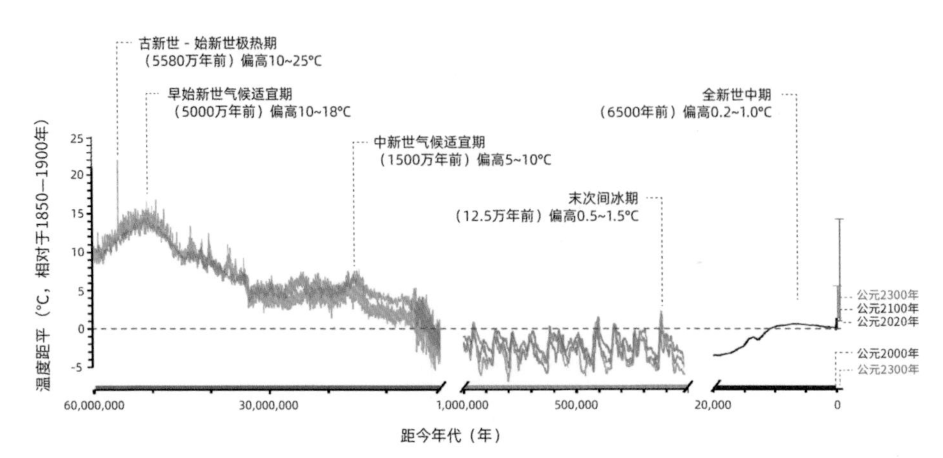

图2-1　6000万年以来的全球平均表面温度变化
来源：IPCC第六次评估报告

量的温室气体，这类气体通过温室效应成为了全球增暖的主要原因。这类气体主要包括了二氧化碳、甲烷、氧化亚氮、氢氟碳化物、水汽等，太阳的短波辐射可以透过它们到达地球表面，使得地表吸收短波辐射后升温，升温后的地球表面会向大气中释放长波辐射，而这类气体可以吸收长波辐射的热量，使得地球表面的大气温度升高。这种增温效应类似于栽培植物的玻璃温室，因此被称为“温室效应”，这些气体被称为“温室气体”。图2-2给出了温室效应的辐射示意图。其实，这些温室气体早就存在于大气层中，温室效应也早就存在了，科学家们把这种最原始的温室效应称为“天然的温室效应”。假若地球上没有这种天然的温室效应，地球上的季节温差和昼夜温差就会很大，地球表面的平均温度不会是适宜的15℃，而是十分寒冷的–18℃。如果地球上的温度如此低，人类是不适宜生存的，也就不会有今天的人类文明。因此，天然的温室效应对人类文明的发展是具有重要意义的。然而工业革命以来，人类活动向大气中排放了过量的温室气体，使得大气中温室气体的浓度剧烈上升，结果造成温室效应日益增强。过量的温室效应逐渐带来了全球增暖这个全球性的重大环境问题。

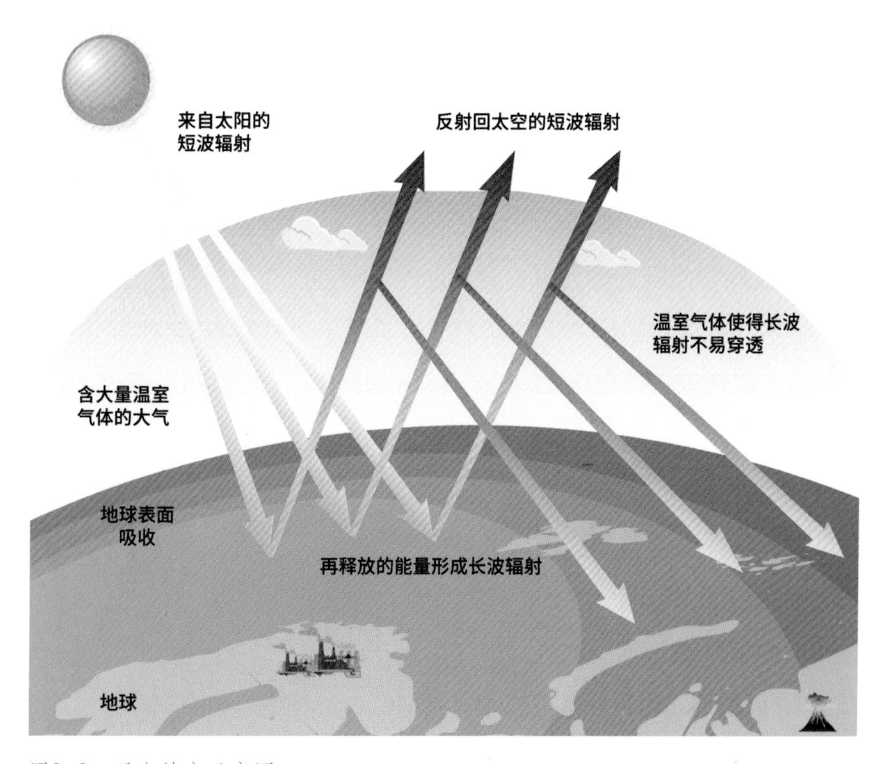

图2-2　温室效应示意图

此外，当温室气体的浓度达到一定程度后，它还可以吸收地球本身向宇宙空间辐射的热能，并将这些热能向地表反射，使地表更热。自西方工业化（1750年前后）以来，大气中温室气体的浓度持续显著增加，其中二氧化碳的浓度在2019年已经达到410 ppm，这一浓度高于至少200万年的任何时间，甲烷和氧化亚氮的浓度高于至少80万年的任何时间。目前，绝大多数的科学家都相信，增强的"温室效应"是近100多年来地球表面温度显著上升的主要原因。

小知识：政府间气候变化专门委员会(IPCC)

IPCC成立的背景

1988年11月，世界气象组织（WMO）和联合国环境规划署（UNEP）联合建立了政府间气候变化专门委员会(IPCC)（图2–3），IPCC主要以科学问题为切入点，对全世界范围内现有的与气候变化有关的科学、技术、社会、经济方面的研究成果（基于公开发表的文献）进行评估，并为《联合国气候变化框架公约》（UNFCCC）提供科学咨询。

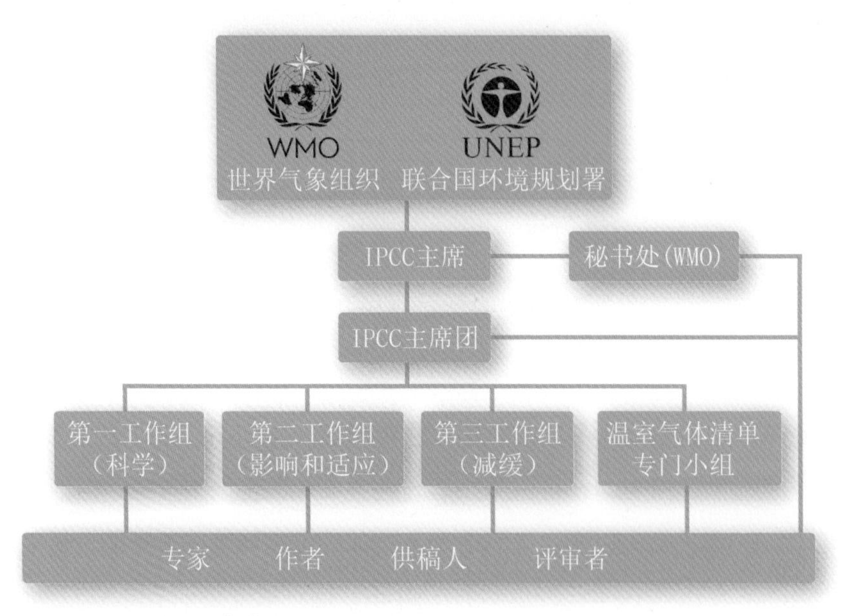

图2–3　IPCC的组织架构

IPCC对全球气候治理的作用

IPCC自成立以来已陆续发布6份综合评估报告和一系列的特别评估报告、方法学报告、技术文件等。IPCC系列评估报告是国际社会认识气候

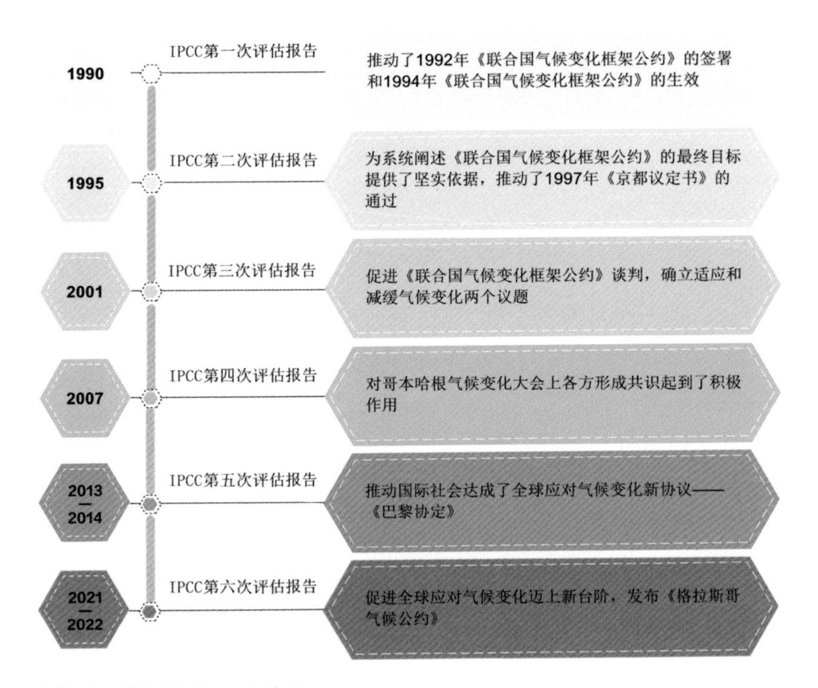

图2-4 IPCC主要工作进程

变化问题、制定应对政策措施并采取行动的最主要的科学依据，在影响国际社会应对气候变化的进程方面发挥了不可替代的作用（图2-4）。2007年，IPCC荣获诺贝尔和平奖。

中国的努力和影响

中国对IPCC科学评估的参与，是深度参与全球气候与科技治理、贡献中国智慧、着力推动构建人类命运共同体的一个良好范例。30多年来，中国有上千位来自各行业的科学家参与了评估进程，在为国际科学评估做出贡献的同时，也成为推进我国气候变化研究和应对机制建设的核心力量。

1988年，时任国家气象局局长的邹竞蒙担任世界气象组织主席，推动世界气象组织和联合国环境规划署共同成立了IPCC，以对全球气候变化的科学、经济、政治问题进行系统评估。1988年11月，IPCC在日内瓦举行成立大会，下设立3个工作组，时任国家气象局副局长骆继宾担任第三工作组副主席。

中国科学家连续四届担任第一工作组联合主席：丁一汇院士担任第三次评估报告第一工作组联合主席；秦大河院士担任了第四次、第五次评估报告第一工作组联合主席；翟盘茂研究员担任了第六次评估报告第一工作组联合主席。

在IPCC第五次评估周期中，国家气候中心、中国科学院大气物理研究所等多家单位的6个气候系统模式被用于开展气候变化评估，反映了我国科学界在气候变化科学领域的地位、影响和对IPCC第五次评估报告编写的重要贡献。

2018年4月，IPCC第六次报告主席团最终遴选确定了721名作者，其中中国作者37名。中国科学家入选人数仅次于美国（74名）、英国（45名），与澳大利亚并列第三，居发展中国家首位，体现了我国在全球气候变化科学评估领域的进步。

第二节　气候变化的原因

现代气候研究的是由大气圈、水圈、冰冻圈、岩石圈和生物圈5个圈层组成，并且彼此间会产生复杂的相互作用的气候系统。工业革命以来，引起气候系统变化的原因可以分为自然因子和人为因子两大类。前者主要包括了太阳活动、火山活动，以及气候系统内部变率等；后者包括人类燃烧化石燃料以及毁林引起的大气中温室气体浓度的增加、大气中气溶胶浓度的变化、土地利用和陆面覆盖的变化等。

自然因子

太阳活动

太阳活动对于气候系统的影响主要表现在两个方面。一是地球轨道参数改变引起的各纬度带和季节太阳辐射再分配的影响，具体地说就是地球绕太阳公转轨道几何形状的改变，会影响地球接收的太阳辐射。但是它主要影响的是几万年或者几十万年的气候变化。地球轨道参数的不断变化，改变着地球与太阳的相对位置。虽然可以到达地球的太阳辐射总量变化不大，但是随着地球表面纬度和季节的改变，太阳辐射分布的变化就会很大，能够引起南、北半球以及全球气候的巨大改变。二是大气层顶部接收的太阳辐射主要还是受到太阳自身输出辐射变化的影响。太阳本身的活动具有一定的周期性和非周期性，在活跃期太阳的黑子数量增多，射出的辐射增强，磁场活动和高能粒子发射强烈。人们已经有过去2500年重建得到的，以及1850年以来观测得到的太阳辐射总量和有效太阳辐射强迫随时间的变化情况，可以看出最显著的太阳活动周期是11年左右的周期。很多科学家认为太阳黑子数增多时地球偏暖，减少时地球偏冷。例如17世纪的70余年中太阳黑子数量很少，并且寿命较短，太阳能量的这一减少时期对应了古气候历史上的小冰期偏冷时段，因而被一些科学家认为是小冰期较冷时段发生的主要原因。太阳活动还可能对地球大气的温度、运动、密度等产生间接的影响。目前科学家认为太阳辐射的变化不可能是引起现代全球气候变暖的主要原因。

火山活动

火山活动主要是指爆发型火山喷发，不但会喷发大量熔岩、碎石、火山灰，还会喷发出一些十分细微的火山灰微粒以及大量气体。这些气体和大气中的水汽结合形成液体状硫酸盐滴，称为气溶胶。当火山爆发十分强烈时，可以将细小的火山灰和硫化物气溶胶喷发到30~40千米的高度，送入大气平流层，并且可以在平流层中漂浮2~3年，个别可能存留10年以上。这些火山灰和气溶胶在平流层中可以被基本环流输送到全球各个地方，并且对太阳辐射起到散射作用，减少地面接收的太阳辐射，使得局地温度下降。因此火山喷发对气候的影响也称为“阳伞效应”。当然这些阳伞效应不仅影响火山附近的地区，还可能对半球甚至全球气候都产生影响。例如在赤道地区30千米高空纬向风很强，如果火山位于赤道附近，火山喷发的气溶胶可能在20~30天的时间围绕地球一圈，形成一个环绕地球的火山灰和气溶胶带。因此当一个火山爆发，如果其强度足够大，则不只是影响本地，还可以对大范围地区产生影响。其次，平流层中的火山气溶胶还可以引起很多的反馈过程，这些反馈过程涉及很多方面，例如气溶胶对水汽的反馈，可以引起局地降水的增加；气溶胶的多重散射可导致臭氧的光解作用增强，使得臭氧总量下降、平流层上部冷却。此外，火山活动对气候还有一定的间接影响，例如平流层气溶胶辐射强迫会造成温度场的变化和能量的重新分配，进而造成大气环流的改变。最明显的例子就是大气平均动能减小，对流层纬向风减弱，使得大气的经向热输送发生变化，热带辐合带南移。然而，对于年代以上尺度的全球气温变化来讲，由于还没有可靠的时间序列来表征全球火山爆发和平流层中的火山灰尘幕，所以目前还不很清楚火山活动对全球气温的确切影响。在IPCC最新发布的第六次评估报告中，给出了过去2500年重建得到的，以及1850年以来观测得到的由于火山喷发造成的平流层气溶胶光学厚度和火山活动有效辐射强迫随时间的变化情况。可以看出火山喷发事件出现的随机性，对于这样的低概率高影响事件，很难用它来解释最近几十年的全球快速增暖。

气候系统内部变率

气候系统内部变率的因子主要是指系统各成员之间的相互作用。这些相互作用有时会使得已经出现的气候异常进一步增强，即正反馈作用；有时则会使气候异常逐渐减弱，即负反馈作用。如果只有正反馈过程，气候系统的异常可能会无限增大；同样，假如只有负反馈过程，则气候系统的异常无法发展。因此，观测到的各种类型的气候系统异常，形成、发展、衰减、消失、彼此交替，除了外部强迫的影响，气候系统内部的正、负反馈过程也起到了不可忽视的重要作用（图2–5）。

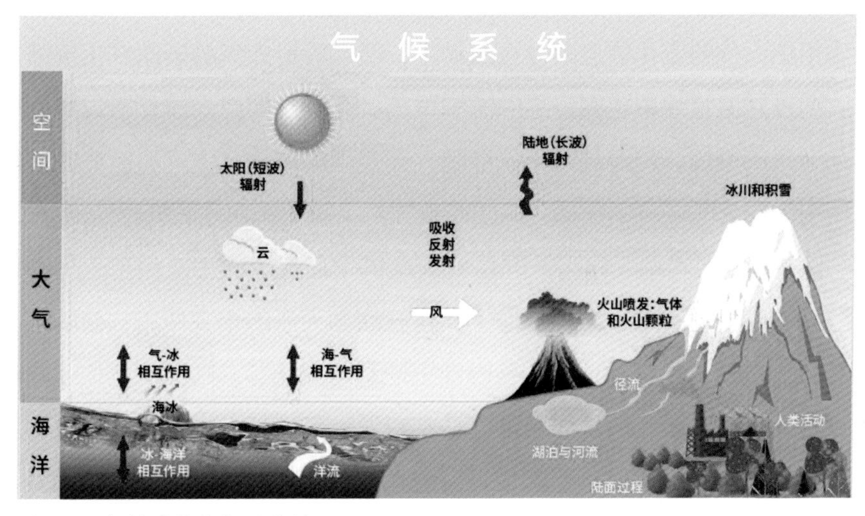

图2–5　气候系统的相互作用

气候系统内部主要的相互作用包括：

①海洋–大气相互作用。海洋覆盖了地球表面大约70%的面积，对大气运动和气候系统变化有着非常重要的影响。首先，海洋能够对全球的水汽循环产生重要影响。海洋包含了全球几乎所有的液态水（约97%），大气中的水汽含量只占总水量的0.001%，陆地上的水含量也不到海洋的

1/30，因此海洋作为地球的水汽之源，其蒸发和降水形势的微小变化，都足以引起相对较小的陆地表面、大气中水循环的剧烈变化。其次，海洋可以影响地球大气系统的热力平衡，全球海洋吸收的太阳辐射大约占地球大气顶总太阳辐射量的70%，其中的85%左右被贮存在海洋表层中，这些贮存的热量会以潜热、感热交换和长波辐射等形式影响大气，影响大气的运动。因此，海洋热状况的变化对大气运动的能量供给有着非常重要的影响。此外，海洋具有巨大的热惯性，是一个巨大的热量存贮器。同海洋的热力学和动力学惯性相联系，海洋的运动和变化具有明显的缓慢性和持续性。这一特性使得海洋具有较强的"记忆"能力，可以通过海洋–大气相互作用把大气的变化信息贮存在海洋中，然后再对大气的运动产生反馈作用。海洋对温室效应也有一定的缓解作用，尤其是海洋洋流，不仅减少了低纬大气的增热，使得高纬大气变暖，而且由于海洋环流对热量的向极输送所引起的大气环流的扰动，还使得大气对二氧化碳变化的敏感性降低。

②陆地–大气相互作用。这是气候系统中最基本的相互作用之一，包括了冰冻圈中的积雪、冰川、冻土及岩石圈与大气的相互作用；包括了各种物质、热量、水汽输送与转换以及土地利用变化等。陆面的结构或其粗糙度在风吹过陆面的时候可从动力学上影响大气运动；土壤的水分、植被覆盖等陆面状况异常可以引起地表反照率变化，从而通过影响地表能量平衡直接对大气产生影响；土壤的湿度可以改变地表蒸发，直接影响陆地和大气之间的水分交换和能量通量，而土壤的温度可以影响陆地–大气之间的感热通量和辐射通量，对气候变化起到一定的反馈作用；陆面上所覆盖的不同类型的植被可以通过对降水和辐射的拦截作用、蒸散作用、改变地表粗糙度、生物通量等方式，影响陆地–大气相互作用，从而影响气候。例如亚马孙流域热带雨林的砍伐对全球和局地的气候变化就有着重要的影响。

③冰冻圈、高原积雪和西太平洋暖池对气候的影响。由于冰、雪的性质和物理特性，以及冰冻圈与气候系统其他圈层的耦合，使得冰冻圈在地球气候中起着非常关键的作用。首先，通过较高的反射率和大的溶解潜热，冰冻圈扮演着大气和海洋的有效热汇作用，全球冰雪分布的变化对行星尺度反射率有着重要的影响，从而进一步影响全球气候系统。其次，冰雪的热传导率低，是良好的绝缘体，能减少大气、海洋及陆地之间的热量交换，如海冰是冷的极地气团和冰面下相对暖的海洋之间的绝缘层。冰雪融化还能够吸收大量的热量、海水结冰或融化时盐度的变化可以影响海洋的层结稳定。高纬海域海水的下沉与南极底层水、北大西洋深层水的形成直接相关，海洋层结的改变，将最终影响到海洋环流的结构。青藏高原区域地形复杂，起伏较大，积雪的空间分布差异很大，有的地区为永久性积雪，有些地区的积雪很少，甚至没有，这样的分布差异会对气候系统产生重要影响。例如，青藏高原冬、春季的积雪就对东亚的大气环流具有显著的影响。此外，西太平洋暖池通过影响其上空的对流活动，不仅可以影响东亚地区夏季的大气环流，还可以对整个北半球夏季的环流异常产生影响。

人为因子

在19世纪中期以前，人类对地球环境的影响尚不显著，但随着人类社会的发展，全球人口的增长，特别是工业化进程的推进，气候系统的自然状态受到了人类活动的严重破坏。现有的研究表明，对地球气候系统产生作用的人为因子主要包括：二氧化碳等温室气体的排放、硫化物等气溶胶的排放以及土地利用/土地覆盖变化引起的陆面特征及人为辐射强迫的改变等。工业化时期以来，人类活动对地球气候系统最显著的影响是造成了全球气候增暖，并且这一时期人类活动对气候的影响已经远远超过了自然过程导致的变化。在最新发布的IPCC第六次评估报告第一工作组评估报告中已经明确指出，“毋庸置疑人类活动引起了大气、海洋和陆地变暖，并且造成大气圈、海洋、冰冻圈和生物圈都发生了广泛而迅速的变化”。

温室气体的升温作用

工业化以来，人类活动造成温室气体浓度明显增加（图2–6）。2019年，人类活动导致排放的主要温室气体如二氧化碳、甲烷和氧化亚氮浓度都再创新高，分别达到410ppm、1877ppb和332ppb。

图2–7给出了器测时代以来这3种温室气体随时间的变化情况，可以清晰地看出由于人类活动的排放，它们都表现出准线性的上升趋势。这些温

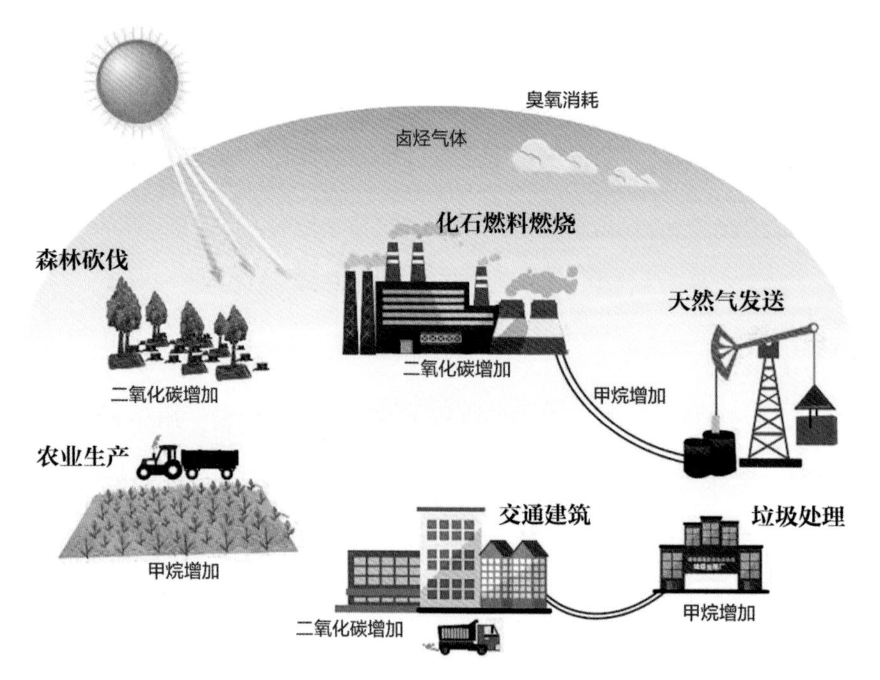

图2–6 人为因素导致温室气体的产生

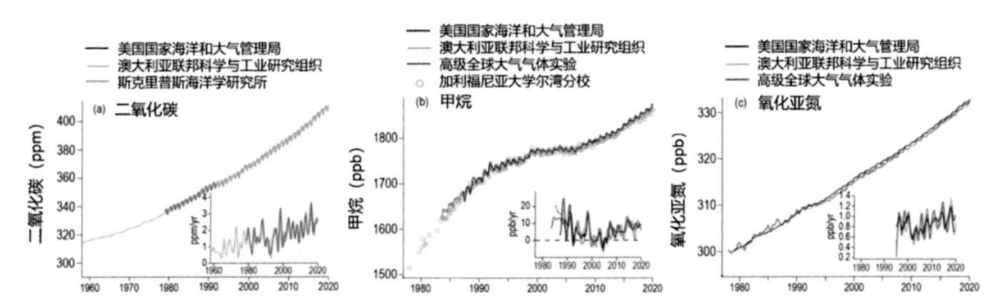

图2-7　器测时代以来(a)二氧化碳、(b)甲烷和(c)氧化亚氮随时间的变化情况
来源：IPCC第六次评估报告

室气体随着时间在大气中积累，浓度逐渐增加，通过温室效应直接导致了全球气候增暖。

人为排放气溶胶的气候效应

人为排放气溶胶的气候效应较为复杂，整体来说为负的辐射强迫，即“冷却效应”。气溶胶是由大气介质与混合在大气中的固态、液态颗粒物组成的多相（固、液、气3种相态）体系，是大气中的微量成分。大气气溶胶主要分为无机气溶胶（如硫酸盐、硝酸盐、铵盐和海盐）、有机气溶胶、黑碳（化石和生物质燃料不完全燃烧排放的碳化合物）、矿物气溶胶（主要包括沙尘）以及生物气溶胶颗粒物。大气中的黑碳、硫酸盐、硝酸盐和铵盐气溶胶主要来源于人为排放，而沙尘、海盐气溶胶等以自然排放为主。黑碳气溶胶主要来自燃料的不完全燃烧，它对于太阳辐射有强烈的吸收作用，可以吸收的波长范围从可见光到近红外，其单位质量的吸收系数比沙尘高两个量级（100倍）。因此，尽管大气气溶胶中黑碳气溶胶所占的比例较小，但是它对区域和全球气候有着很大的影响。在对流层中，沙尘也是气溶胶的重要成分之一。人类活动导致了全球大气气溶胶浓度增加，人为气溶胶的总体辐射效应可使地球降温，但不同气溶胶具有不同的气候效应，需要具体分析。

人类活动对土地利用以及土地覆盖的改变

人类社会的工业化进程、城市化发展等活动改变了土地的使用方式，同时也改变了土地覆盖物的类型，这样的变化直接造成了陆地表面物理特性的变化，改变了陆表和大气之间的能量以及物质交换，影响了地表的能量平衡，进而对区域气候变化特征产生重要作用。其中最主要的是以牺牲自然生态系统为代价扩大农田和牧场：1980—2000年，热带地区一半以上的新农田以牺牲完整森林为代价，另有28%来自已经被采伐过的森林。人类活动对大范围植被特性的改变会影响地球表面的反照率。例如农田的反照率就和自然地表有很大的不同，特别是森林，森林地表的反照率通常比开阔地要低，因为森林中有很多较大的叶片，入射的太阳辐射在森林的树冠层中会经历多次的反射、折射，导致反照率降低。这种效应在雪地上尤为显著，因为开阔的地面上容易大面积地被雪覆盖，从而具有较高的反照率。然而在森林中，树木可以生长在积雪之外，树木庞大的树冠甚至可以遮住地表的积雪，使得被积雪覆盖的森林反照率相对较低。陆地表面上覆盖物的改变还会引起地表一些其他物理特性的变化。例如，南美洲的亚马孙森林，研究表明如果去除这些森林，将会对这一区域的地表温度、水循环等产生重要的影响。亚马孙河流域的降水大约有一半是从森林的蒸发而来的，去除了森林将彻底改变径流和蒸发的比率，区域的水循环平衡也会发生重大改变，有可能导致水汽辐合和蒸发的减少，径流也将会显著减少。此外，人类社会发展造成的快速城市化进程会导致建筑面积的急剧扩张和耕地的流失，城市的热岛效应会显著地加剧城市地区纯粹由于温室气体等外强迫所导致的变暖。

图2-8给出了2010—2019年相对于工业革命前（1850—1900年）观测到的温度变化，以及受人类活动影响的不同因子由辐射强迫估计计算的可能贡献。从图中可以看出，所有温室气体的增加都导致了正的辐射强

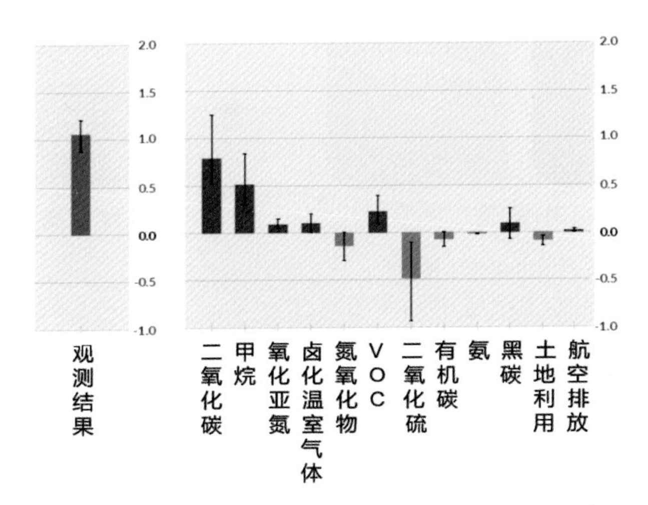

图2-8　2010—2019年相对于工业革命前（1850—1900年）观测到的温度变化
来源：IPCC第六次评估报告

迫，在这些温室气体中，二氧化碳增加产生的辐射强迫最大。大气中的气溶胶也可以通过反射和吸收红外辐射直接影响辐射强迫，其中黑碳气溶胶引起了正的辐射强迫，而其他类型的气溶胶则引起负的辐射强迫，气溶胶总的直接辐射强迫为负。

如何识别气候变化的原因

观测到的气候变化既受气候系统内部变率（如北大西洋涛动、太平洋年代际振荡等）的作用，又可能受到人为和自然强迫的影响。气候变化的检测是证明气候或者受气候影响的系统在某种统计意义上已经发生变化的过程，但并不提供这种变化的原因。如果观测到的某种变化不太可能只是由内部变率随机产生的，则可以说这种变化被检测到了（图2-9）。

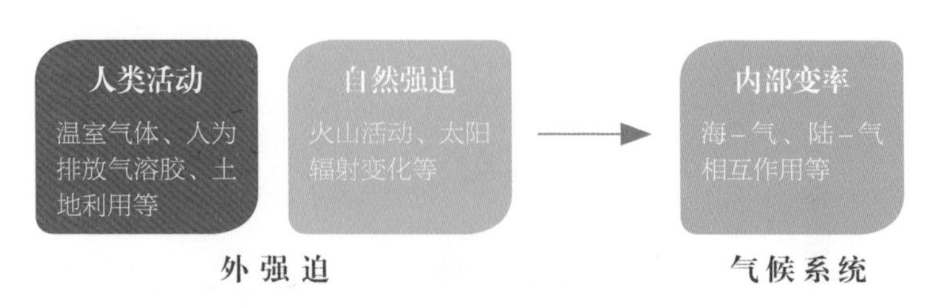

图2-9　检测归因概念的示意图

归因是在某种统计可信度下估算对某一变化或某一事件起作用的多种可能（外强迫）因子的相对贡献的过程。气候变化检测和气候变化归因既相互联系，又相互区别。从定义就可以看出，气候变化归因需要结合统计分析和物理认识，比气候变化检测更为深入、更为复杂。

目前的气候变化归因主要包括以下几种类型：主要气候要素、极端气候变量长期变化趋势的归因；极端天气气候事件的归因；气候变化影响的归因。这三种类型又分别包含针对不同气候变量和极端事件变化、不同类型极端天气气候事件以及针对气候变化在不同气候系统中造成影响的归因研究，图2-10给出了这三种类型所包含的主要研究对象及迅速发展开始的时间。

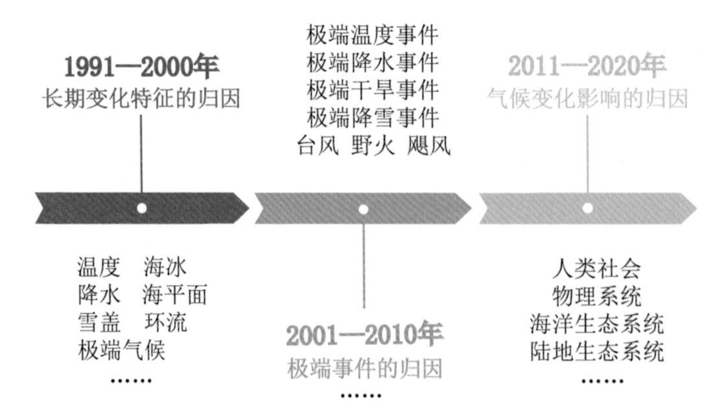

图2-10　气候变化归因的三种主要类型和各主要类型下所包含的不同研究对象，三种主要类型的归因研究开始兴起的大致时间

近年来，随着全球观测资料和气候模式的迅速发展，检测归因的研究方法也越来越成熟和丰富。许多归因研究应用气候模式的模拟结果来评估人类活动强迫的气候变化“指纹”，并给出不确定性范围；也有一些研究只使用观测资料来分析辐射强迫及气候系统内部变率带来的气候变化，也能得到和应用气候模式的方法基本一致的结论。此外，针对极端天气气候事件的归因方法也非常丰富，和长期变化特征的归因不同，它不是要回答某次极端事件是不是人类活动等外强迫造成的，而是要回答人类活动引起的气候变化对类似强度事件发生概率的影响，或者对类似发生概率事件强度的影响。

第三节　人类活动对全球变暖有多大的影响

气候变化检测归因的核心内容是识别人类活动、自然强迫和气候系统内部变率对气候变化的相对贡献，是回答“当前观测到的气候变化在多大程度上是由人类活动引起的？”这一问题的重要科学基础。检测和归因需要应用不同的工具来分辨各种因子对观测到的气候变化的作用，然后给出影响显著的因子。因此对于观测数据的质量、气候模式的模拟能力以及使用到的研究方法都非常依赖。

当前对于与温度相关的气候要素变化的归因信度较高，例如地球表面大气温度、对流层和平流层气温、海洋表面温度和海洋上层温度等，都可以得出非常明确的结论，人类活动使得地球大气、海洋和陆地都明显增暖。IPCC第六次评估报告指出，2011—2020年全球地表温度比工业革命时期（1850—1900年）上升了1.09℃，其中约1.07℃的增温是人类活动造成的，这就是一个基于检测归因的科学结果。此外，人类活动被证明影响了20世纪中期以来全球降水分布型的变化，进而显著影响了近表层海洋盐度分布模态的变化；全球上层海洋温度自20世纪70年代以来已经显著变暖，这极有可能是人类影响驱动的结果；同时人类活动造成的二氧化碳排放是当前全球表层海洋酸化的主要驱动因素；人类活动还导致了自20世纪中期以来上层海洋区域氧气水平的下降；可以确定的是至少从1971年以来，人类活动是造成海平面上升的主要驱动因子。人类影响很可能是全球冰川退缩以及北极海冰面积减少的主要驱动力，是导致1950年以来北半球春季积雪减少、近20年格陵兰冰盖表面融化的重要因素。1970年以来陆地生物圈的变化与全球变暖一致；气候带在两个半球都向两极转移；北半球温带地区自20世纪50年代以来，生长季每10年增加约2天。这些关于气候系统长期变化特征的归因结果，极大地深化了对引起气候变化原因这一科学问题的认识，也进一步证明了减少人类活动的影响，特别是减少人为排放的温室气体对于保护地球的气候系统、改善全球的生存环境有着非常重要的意义。

对于极端天气气候事件的检测归因结果，需要强调的是，人类活动引起的气候变化可能会改变某一类极端事件的发生概率，例如，在全球变暖的气候背景下，极端的高温热浪事件发生的概率是显著增加的，而寒潮这样的极端冷事件的发生概率是减小的。但这并不意味着全球增暖了，极端的冷事件就不会发生。为了更好地认识气候变化对于极端天气气候事件的影响，美国气象学会公报从2011年开始，每年都会对全球各地发生的重大极端事件开展归因研究，尝试着从气候变化的角度研究极端事件（图2–11）。表2–1给出了当前对于人类活动引起的气候变化对不同类型的极端事件影响的认识。

图2-11　美国气象学会公报（BAMS）每年对全球极端事件的分析论文

表2-1　当前对于人类活动引起的气候变化对不同类型极端事件影响的认识

极端高温事件	极端低温事件	极端强降水事件	其他事件
发生概率增加（信度：非常可能）	发生概率减少（信度：非常可能）	不同区域得到的结论不同（混合信号）	干旱、森林野火、台风、洪水等（研究较少，且证据不足）

2018年，中国东部地区经历了一次“最热的春季”。超过900个气象站达到了春季历史最高温纪录；有900个气象站的日最高气温超过了35℃；有62个气象站历史上第一次在春季出现了“热带夜”（日最低气温超过了25℃）。这一出现在春季的极端高温对华东地区的农业、植物生长、电力传输系统和人类健康都产生了重要的影响。以农业为例，在春季出现35℃以上的高温对于农作物的生长是非常不利的，也给农业灌溉增加了很大负担。究竟是什么原因造成了这次极端高温事件的出现，是人类活动引起的全球增暖吗？或者仅仅是一次偶然的环流异常？通过不同数值模拟试验的设置和不同样本类型的建立，再通过概率分布函数的拟合，以及统计分析，定量评估了人类活动造成的全球增暖和局地反气旋环流异常对这次极端高温事件发生概率的影响，发现人类活动造成的全球增暖可以使这一极端高温事件的发生概率增加10倍，而异常的局地反气旋环流使得这一事件的发生概率增加了约2倍。位于中国北部地区的持续性反气旋环流

阻止了高纬地区的冷空气进入中国东部地区，是这次春季极端高温的直接环流原因，而人类活动造成的全球增暖为这次极端高温的出现提供了更加有利的气候背景。总的来说，异常环流系统的出现具有一定的随机性，这一次暖春极端事件的主要推手还是人类活动。现有数据和分析也都表明，在全球增暖的背景下，极端温度和平均温度值均为显著上升趋势。未来随着人类活动的持续，此类极端高温事件出现的频率也将进一步增加，一旦出现局地异常环流的配合，高温的极端性也会进一步增强，应给予更多的重视和关注，并及时采取相应的应对措施。

2019年，中国西南地区经历了一次“春夏连旱”的极端事件，这次事件中整个区域降水严重不足（图2–12）。在事件的高峰期（5月和6月），西南地区平均降水量较常年同期偏少42%，为1961年以来同期最低。云南和四川西部受灾最为严重，降水匮乏和干旱事件影响了64.01万公顷的农作物，水稻、玉米和土豆的产量遭到了严重破坏。超过100条河流和180个水

图2–12 人类活动引起的降水匮乏和高温增加了中国西南地区春夏连旱极端事件的发生风险

库枯竭。整个事件导致西南地区超过82.4万人和56.6万头牲畜严重缺乏饮用水，直接经济损失达28.1亿元。科学家们应用英国气象局哈德利研究中心的极端事件归因系统，以及国际第六次气候模式比较计划（CMIP6）的多模式资料，结合中国气象局最新的均一化降水观测资料定量评估了人类活动引起的气候变化对这次干旱事件发生概率的影响。研究结果表明，人类活动的影响大大增加了中国西南地区春夏持续降水匮乏发生的可能性，类似2019年这样由于降水匮乏造成的春夏连旱事件发生概率增加了6倍。此外，这次春夏连旱事件还同时伴随着持续高温的出现，已有大量的研究表明：在全球增暖的背景下，极端温度和平均温度均为上升趋势。因此，人类活动对持续高温和降水匮乏的影响，大大增加了中国西南地区出现春夏连旱极端事件的风险。

总的来说，人类活动引起了全球气候增暖是毋庸置疑的，气候变化带来的影响在气候系统各个圈层中也都已广泛存在并迅速发展。中国是全球气候变化的敏感区和影响显著区，高温热浪、暴雨洪涝、台风、干旱、强对流等极端天气气候事件多发，灾害风险增大。因此，正确认识气候变化，及时采取应对气候变化的适应、减缓措施不是别人要我们做，而是我们自己要做。

第三章 气候变化的影响

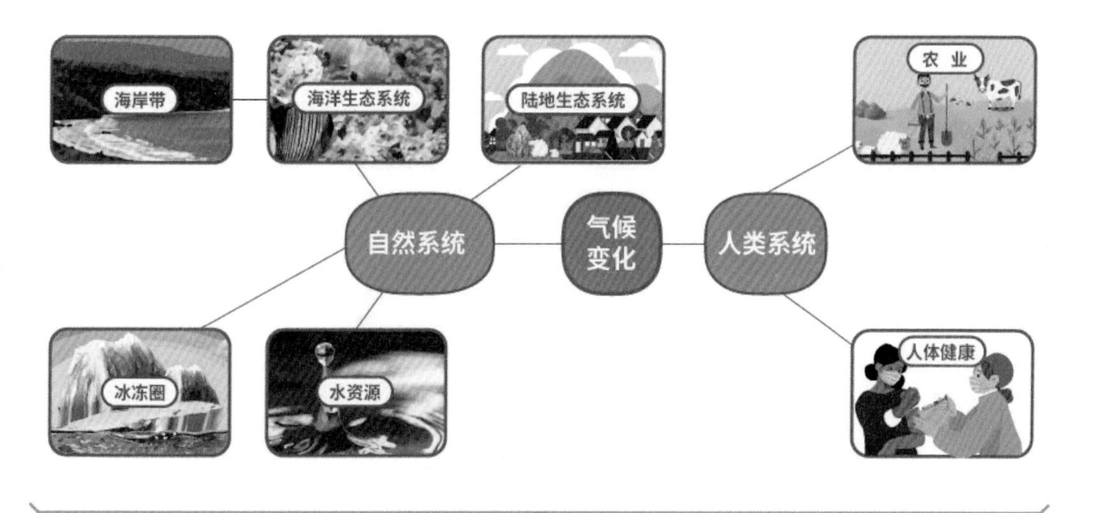

全球 和 中国

气候变化的影响主要是指极端天气气候事件以及气候变化对自然和人类系统的作用，包括对生命、生计、健康、生态系统、经济、社会、文化、服务和基础设施产生的作用。气候变化的影响首先是通过自然系统各圈层表现出来，进而进入社会经济系统，并对社会经济系统不同领域产生程度各异的影响，对气候变化影响的研究越来越倾向于关注气候变化对生态系统、人类生存与安全的影响评估。目前，气候变化已经并将持续影响到自然系统、生态系统和社会系统的方方面面，其中对自然系统影响是最强、最全面的。气候变化已经对中国产生影响显著的领域主要有陆地生态系统、海洋生态系统、冰冻圈、水资源等；影响显著的部门有农业、旅游

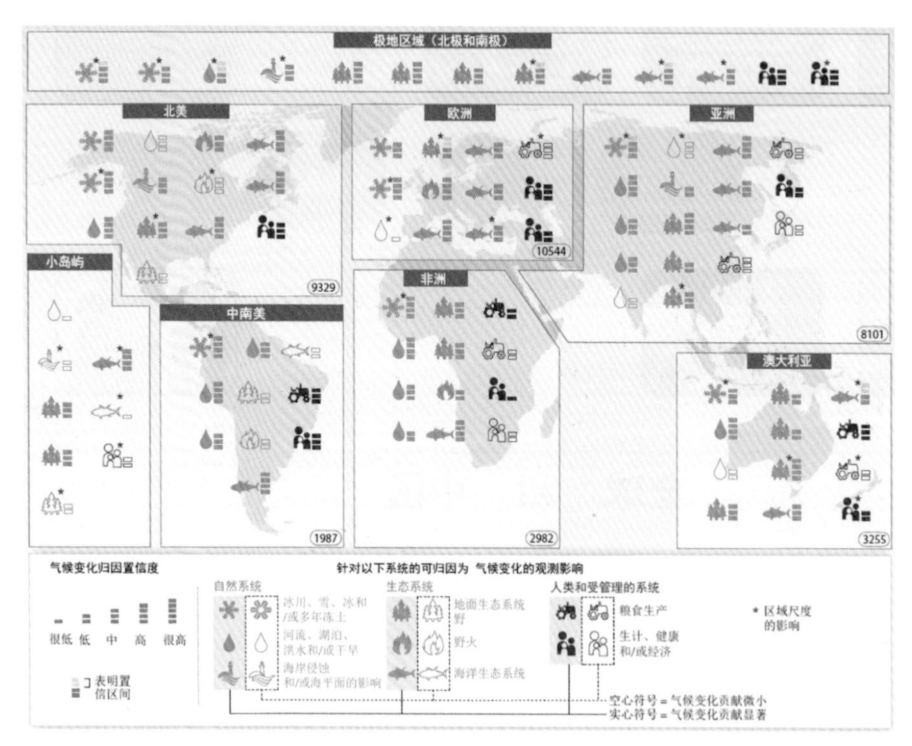

图3-1　可归因于气候变化的广泛影响

来源：IPCC 2014年综合报告

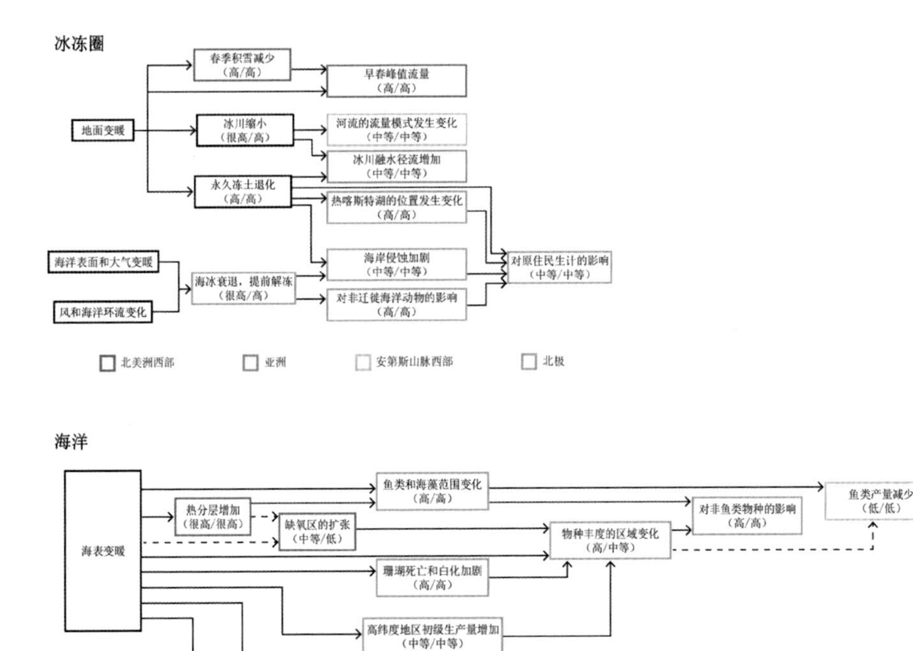

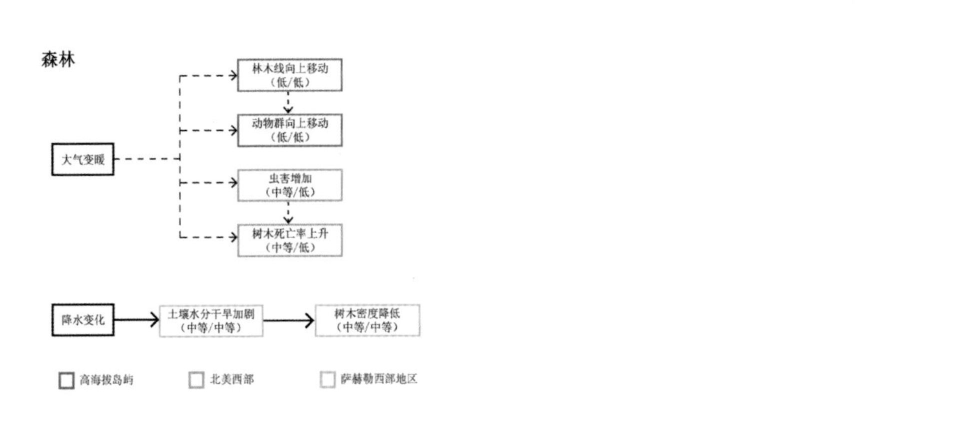

图3-2 气候变化通过一些自然系统和人类子系统产生相互联系的“级联”影响
来源：IPCC 2014年综合报告

业、交通运输、能源、制造业、人居环境、人群健康、保险业和重大工程等，且影响的时空尺度、过程和程度均差异较大，信度水平有高有低。

气候变化已经对所有大陆和海洋的自然系统及人类系统造成了影响，有些气候变化对其贡献显著，有些贡献微小（图3–1），并通过一些自然系统和人类子系统产生相互联系的“级联”影响（图3–2）。

第一节　气候变化对自然生态系统的影响

陆地生态系统受到了怎样的影响?

陆地生态系统发生了怎样的改变?

气候变暖导致热量资源增加、降水格局改变、极端气候增多、大气二氧化碳浓度升高，进而改变了生态系统的生物多样性和群落结构，从而影响陆地生态系统的结构和功能、生态系统的平衡，以及对人类的服务功能。

受气候变化影响，许多动植物物种的分布范围、丰度、季节性活动已经发生改变（图3–3）。从全球尺度来讲，自20世纪中期以来，许多昆虫、鸟类和植物物种以平均每10年约17千米的速度向高纬度地区移动，以每10年约11米的速度向高海拔地区移动，物种分布范围的前缘和后缘均发生了变化。也有一些例外，对某些物种来说，各种生物和非生物因素（如降水和土地利用）取代了温度对生理的影响，它们向两极迁移的速度比观测到的温度上升的预期要慢。比如树木，因为寿命长，并且是逐渐成熟的，目前全球只有大约一半的地点是明显向两极推进的。尽管自20世纪中

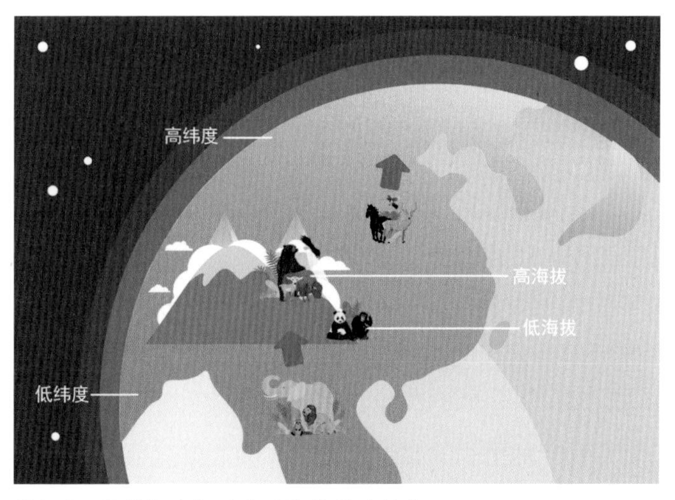

图3-3　20世纪中期以来动植物移动趋势

期以来北半球热带外地区的生长季节不断扩大，但目前树线的最北端（约北纬73°）实际上大约在全新世中期（距今约8500—4000年前）树线南缘的位置。受气候变化和人类活动的共同作用，植被覆盖、生产力、物候或优势物种群已经发生变化。气候变化还改变了生态系统的干扰格局，并且这些干扰很可能已经超过了物种或生态系统自身的适应能力，从而导致生态系统的结构、组成和功能发生改变。人类活动也很可能直接造成非本土物种的入侵，增加陆地生态系统的脆弱性。气候变化加大了对生物多样性的不利影响，较大幅度的气候变化会降低特殊物种的群体密度，或影响其存活能力，从而加剧其灭绝的风险。受气候变化影响，世界各地树种死亡现象越来越普遍，从而影响到气候、生物多样性、木材生产、水质以及经济活动等诸多方面，有些地区甚至出现森林枯死，显著增加当地的环境风险。尽管生物多样性在全球范围内丧失，但大多数地方群落都经历了生物多样性的变化，而不是系统性的丧失。陆地物种的更替率比海洋物种的低。极区陆地和淡水生态系统也受到气候变化影响。在北极许多地区，苔原落叶灌木和草地的丰富程度和生物量已经有了大幅度增加，林线向北迁移，高大灌木显著增加。在南极，增加的能源供给（升温）和水资源供给，将促进陆地和湖泊生物群落复杂性的发展。

冰冻圈变化对陆地生态系统的影响主要通过改变土壤水、热和养分循环，进而影响区域生态系统演替及其物候变化。随着温度升高、冰冻圈退缩，陆地生态系统发生演替的概率增加、物候提前，并对生态系统功能造成影响。例如，北极多年冻土对变暖异常敏感，当全球温升超过2℃时，北极夏季多年冻土解冻范围将大大增加，若全球温升达到3℃，多年冻土有可能彻底崩溃、不可恢复，大量的有机碳排放将给全球气候系统造成致命性灾难。在苔原和北方针叶林生长的高纬度地区，变暖幅度显著高于全球平均水平，加上多年冻土快速融化，当全球温升超过2℃达到3℃时，其生态系统将可能发生突变。

未来很多地区的动植物还将继续以各种方式调整或改变，以适应未来的气候变化。在中等及以上排放情景下，21世纪一些区域生态系统的组成、结构和功能可能会发生突变或不可逆的变化，如亚马孙和北极地区，而这些变化反过来又将对气候产生影响，从而导致气候发生新的变化。然而，仅考虑气候变化的影响，亚马孙森林在21世纪不会消失，但考虑未来极端干旱事件、土地利用变化和森林火灾的影响，亚马孙森林将严重退化，会给这一地区生物多样性、碳吸收等带来重要影响。随着气候变暖，全球许多区域出现复合事件的概率将增加，干旱与高温的结合会导致树木死亡。复合极端气候事件对生态系统的影响不容忽视。21世纪，受气候变化和其他压力的共同作用，如生境改变、过度开采、污染和物种入侵等，大部分陆地和淡水物种灭绝的风险都将增加，未来灭绝的风险将随气候变化的幅度增大而提高。

我国陆地生态系统受到了哪些影响?

我国生态系统总体受益于气候变化，但也存在诸多不利影响。未来近期，气候变化对生态系统的影响变化不大，但中期和长期将以不利影响为主，气温升高3℃以内不会对陆地生态系统造成不可逆转的影响。现阶段低幅增温使森林生态系统受益，但未来不利影响较为严重，尤其是物种、生产力和林火、病虫害等方面。未来气候暖干化将影响到我国草原。北方气候暖干化，将使我国草原分布东移，西部呈荒漠化趋势，并导致草原植被生产力显著降低，生物多样性丧失，草原生态系统稳定性降低。动物物候、分布区域和物种数量等也受到气候变化和人类活动的双重影响。未来气候变化对湿地的改变还将影响到鸟类栖息及迁移。

气候变化使青藏高原的生态系统总体趋好。青藏高原草地生态系统结构整体稳定，格局变化率低于0.13%，植被覆盖度微弱上升；草地植被净初级生产力呈明显增加态势；植被物候总体呈现返青期提前、生长季延长的特点；生态过渡带边界呈现向更高海拔扩张的态势，如林线海拔爬升了0～80米，灌木线海拔爬升了0～5米，青海和西藏中东部草线海拔爬升幅度有限，但西藏西南边缘地区草线爬升了140～180米。气候变暖导致的蒸发增强使青藏高原湿地在2000年以前持续退化，之后湿地面积总体上得到恢复，一是降水持续增加和冰川融化等水循环加强，二是实施了大量天然湿地保护工程。然而也需注意到，未来气候变化将加剧中国生态系统生物个体损失风险，青藏高原很可能是中国生态系统多样性丧失最严重的区域。

多年冻土活动层特殊的水热交换是维持高寒生态系统稳定的关键所在，冻土区的高寒沼泽湿地和高寒草甸生态系统具有显著的水源涵养功能，是稳定江河源区水循环与河川径流的重要因素。冻土变化是导致江河源区高寒草甸与沼泽湿地大面积退化的主要原因。总之，在高原、高纬度地区，冰冻圈－河流－湖泊－湿地紧密相连，在干旱区内陆河流域，冰冻圈－河流－绿洲－尾闾湖泊－荒漠不可分割，冰冻圈变化对寒区生态系统具有牵一发而动全身的作用。过去几十年来，由于人口增长、旅游业和社会经济发展，人类和基础设施受自然灾害影响越来越大。在安第斯山脉、亚洲高山、高加索和欧洲阿尔卑斯山等区域，一些灾害与冰冻圈的变化有关。青藏高原多年冻土退化会造成青藏铁路和公路等路基变形，影响工程安全。未来温升1~2℃水平下，预计21世纪中叶前，年平均地温高于–0.5℃的多年冻土区路基产生的沉降变形将达30厘米。

海洋生态系统发生了哪些变化?

海洋和海岸带生态系统

过去100多年来，海洋对二氧化碳的吸收使得海洋发生酸化，且酸化速度在过去6500万年来前所未有，从根本上改变了海洋的生态。1850年以前的全球浮游生物群落与现代的浮游生物群落是不同的。海洋生物群落中各种生物分布的纬度和深度界限正在发生变化，但物种间的相对响应存在差异，导致生态系统的物种组成正在发生变化。例如，各种高营养水平生物的分布正在向两极和更深的层次转移，也有极少物种的反常识地向温暖和浅水的迁移，这可能与物候变化和洋流对幼虫运输的影响有关。许多海洋生物物种的各种物候指标在过去的半个世纪中发生了变化，各种季节性生物事件的时间每10年提前了4天以上，81%物种的物候、分布和丰度变化与预期的气候变暖响应一致，这种变化随地点和物种的不同而不同。较高营养水平的生物，如鱼类和鸟类，它们的生存高度依赖于生命周期中不同阶段食物的可获取性，而这又取决于两者的物候。从物候学的角度来看，考虑当前和未来对物种之间的相互作用和影响，包括竞争和捕食–被捕食动态，海洋生物对气候变化的不同反应可能会威胁整个生态系统的稳定性和完整性。

海岸带生态系统对与气候变化相关的3个因素关系密切，即海平面、海水温度和海洋酸度。由于相对海平面的上升，海岸带生态系统和低洼地区正经历着越来越多的洪水淹没、极端潮位和海岸侵蚀，并承受着由此带来的不利影响。预计全球绝大部分区域平均相对海平面将在整个21世纪继续上升，全球约三分之二海岸线的区域相对海平面上升幅度预计为全球平均海平面上升幅度的80%~120%。上升的相对海平面一方面使得沿海低洼地区洪水事件和大部分砂质海岸的海岸侵蚀更加频繁和严重，另一方面叠加风暴潮将更易出现极值海水位事件。在沿海城市，越来越频繁的极值海水位事件，叠加极端降水或极端河川径流事件，将使复合型洪涝事件发生的概率增加。海水温度上升和海水酸化给海岸带生态系统带来显著的负面影响。热浪和极端高温出现的频率增加、热浪和极端高温频发将加剧低纬度热带海域珊瑚白化、红树和海草死亡的风险。一些热带滨海旅游国家和小岛屿国家不仅要遭受海平面上升和极端气候事件的直接影响，还要承受因海岸带生态系统退化而导致的旅游收入减少的影响。海洋酸化对甲壳类动物和造礁珊瑚等海洋生物生长发育产生影响，海洋生态环境丧失，珊瑚白化和死亡率增加，导致海洋生物多样性、渔业资源丰富度减少，珊瑚礁生态保护作用减弱，生态恢复能力降低。受海洋变暖、酸化、含氧量和碳酸盐等的变化对海洋生物生态的影响，低纬度海域及近岸与近海区域渔业捕捞量减少，渔业捕捞、海水养殖以及数以百万计以此为生的人们面临着气候变化影响的风险。

我国近海和海岸带受到哪些影响?

全球气候变化导致我国沿海海平面上升、海洋环境发生变化，加剧海岸带灾害以及环境与生态问题。主要表现为海洋风暴潮等灾害加剧、海洋酸化加重、海岸带侵蚀强度和范围增大、海岸带滨海湿地减少、红树林和珊瑚礁等生态系统退化等，渔业和近海养殖业深受影响。20世纪90年代以来，我国近海风暴潮灾害呈频率增高、损失加剧趋势，21世纪以来更加明显。海水入侵以渤海和黄海最为严重，渤海沿岸的海水入侵距离可达20~30千米。气候变化和捕捞压力等多种原因导致我国近海渔业资源发生很大变化，许多优质鱼种已经无法形成渔汛，南海珊瑚礁鱼类也受到极大影响。海水酸化影响太平洋牡蛎等钙化生物的生长代谢等过程，危害贝类等养殖业。赤潮等灾害发生频率增加，引起虾、贝类的大面积死亡，严重

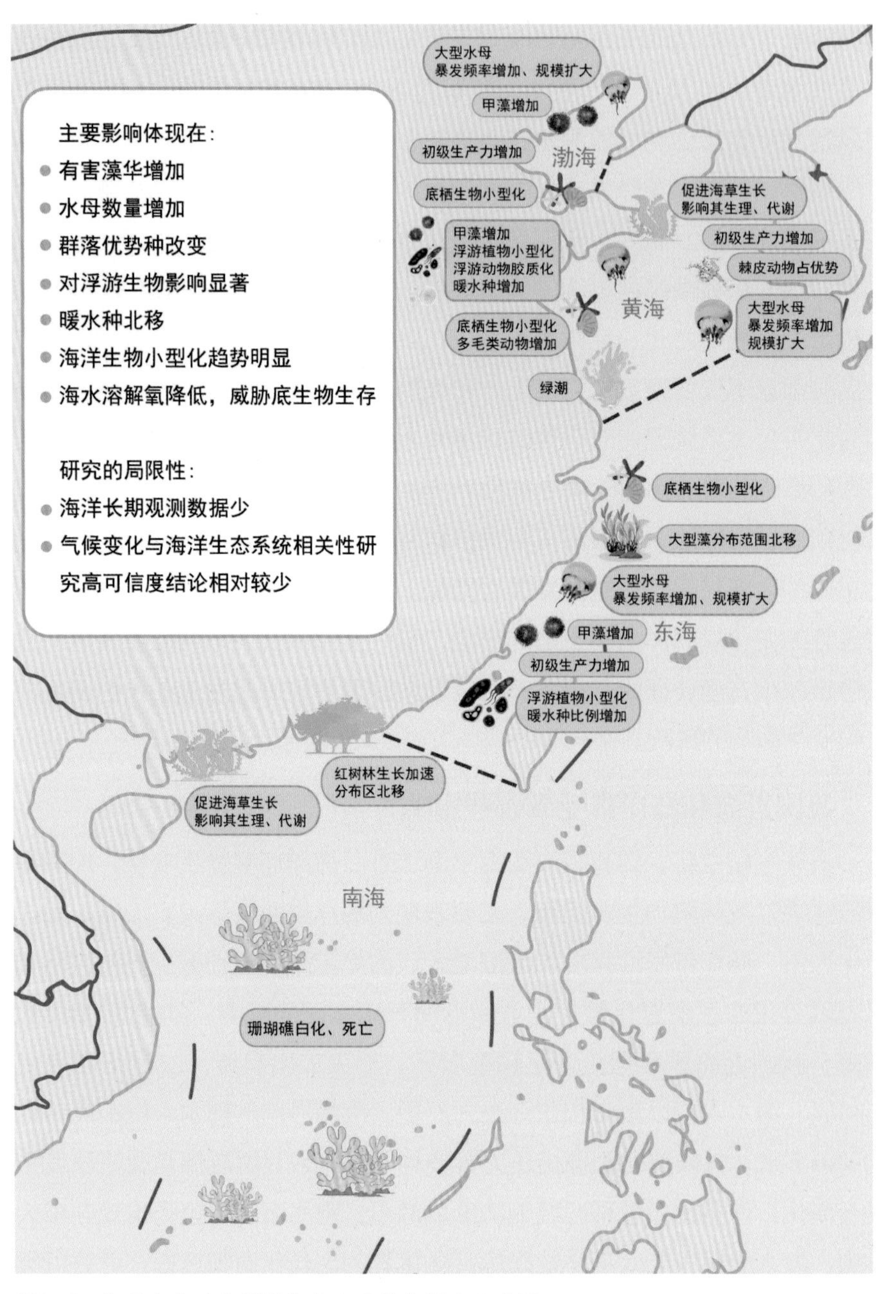

图3-4　气候变化对中国近海生态系统的影响示意图
来源：《中国气候与生态环境演变：2021》

影响沿海养殖业（图3–4）。

未来由于人口增加、经济发展和城市化进程的加速，暴露在海岸带风险中的人口和社会资产会越来越多，我国东部沿海城市尤为突出，如上海、宁波、福州等地。人类活动将成为河口海岸以及三角洲湿地等变化的主要驱动力，由于人类活动导致的过度营养输入、径流改变以及沉积物搬运减少，未来海岸带生态系统将承受更加剧烈的人类活动干扰。

冰冻圈变化有什么影响?

冰冻圈变化会带来哪些影响?

冰冻圈在不同时空尺度与大气圈、水圈、岩石圈、生物圈以及人类圈相互联系、相互作用。随着全球变暖，与冰冻圈有关的物质迁移和能量调节等过程发生剧烈变化，通过圈层相互作用对区域水资源、生态环境、社会经济发展和人类福祉产生了深远影响（图3–5）。

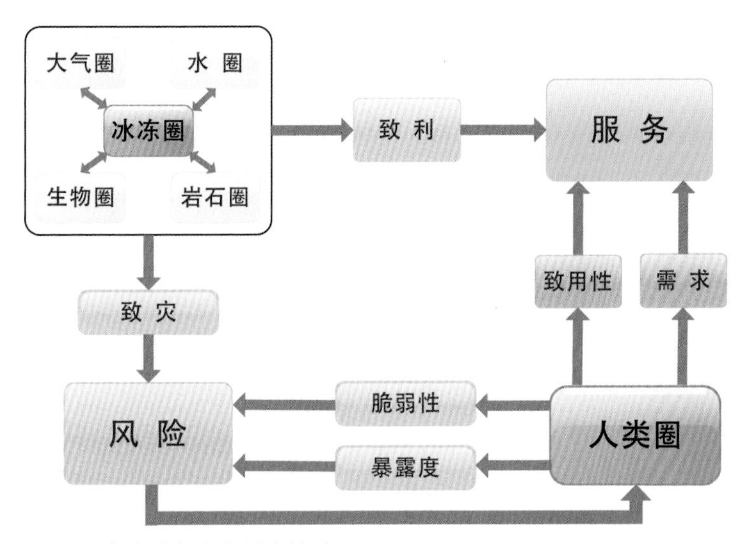

图3–5　冰冻圈与人类圈的关系

冰冻圈退缩对大气圈的影响主要包括：冰川（含冰盖)、海冰和积雪等变化改变区域和全球反照率及能量平衡；多年冻土退化导致碳释放，进而加速气候变暖；冰冻圈融水注入海洋使高纬度地区海水变暖、变淡进而导致温盐环流减缓。这些影响最终导致区域和全球气候发生变化。

冰冻圈变化对水圈的影响主要发生在全球和区域两个空间尺度。在全球尺度，冰冻圈（包括山地冰川和极地冰盖）退缩是海平面上升的主要贡献因素，进而改变全球水循环过程，包括大洋输送带和洋流强度等。在区域尺度，冰冻圈变化深刻影响着流域水文过程。随着全球变暖，具体表现在：冰川融水量在一定时期内增加，但在10年到百年尺度上越过“拐点”后将持续下降；积雪融水总体呈现下降趋势；冰冻圈年内开始消融时间普遍提前，消融期增加，积累期缩短；冰冻圈极端水文事件（洪涝和干旱）发生频率也不断增加。

冰冻圈变化对生物圈（生态系统）的影响主要包括：陆地冰冻圈变化通过改变土壤水、热和养分循环，进而影响区域生态系统演替及其物候变化；冰冻圈变化通过改变海洋温度、盐度、酸度、环流扰动以及动植物栖息地等影响海洋生态系统。随着温度升高、冰冻圈退缩，陆地生态系统发生演替的概率增加、物候提前，并对生态系统功能造成影响。随着极地温度、光照、营养水平增加，海冰退缩，居住在漂浮海冰下面的大型藻类、浮游植物和微藻类等正在发生变化。海温增加和冰冻圈退缩也通过改变海洋环流、热量和营养物循环进而对海洋生态系统产生影响。冰冻圈退缩引起的海平面上升和盐度变化也对海岸带生态系统变化造成影响。

冰冻圈对岩石圈（或陆地表层）的影响表现在地表侵蚀和抑制地表侵蚀（即地表保护）两个方面：一方面，雪蚀、冰川侵蚀和冻融侵蚀显著改变着陆地表层；另一方面，冰冻圈或冻结地表或覆盖在地表岩层之上，形成保护地表免受风、水等外力侵蚀的屏障。尤其在高纬度沿海地区，冻土维持着地表的稳定，海冰抑制了海浪对海岸的冲刷。但随着冰冻圈的退缩，冰冻圈地表侵蚀和抑制地表侵蚀的能力发生显著变化。例如，高山地区冰冻圈作用形成的松散堆积物、冰湖等通过形成冰川泥石流、溃决洪水等能够快速、高强度侵蚀地表；再如，当前冻土融化和海冰退缩等多重影响正在造成北极海岸的大面积后退。

冰冻圈与人类社会（人类圈）息息相关，其对人类圈影响主要基于冰冻圈自身功能及其与其他圈层相互作用形成，包括致利与致灾两个方面：一方面，冰冻圈给人类社会带来众多惠益，即冰冻圈服务，包括供给、调节、文化、承载和支持服务五大类型；另一方面，冰冻圈也给人类社会带来很多负面影响，即冰冻圈灾害。全球变暖导致冰冻圈快速变化，冰冻圈系统稳定性降低，加剧了冰冻圈灾害的发生频率，严重影响着寒区交通运输、基础设施、重大工程、农牧业、冰雪旅游发展乃至国防安全，使冰冻圈承灾区经济社会系统遭到了巨大破坏。冰冻圈地区地方财政薄弱，抵御灾害能力极为有限，冰冻圈灾害已成为这些地区经济社会系统健康持续发展面临的重要问题。

冰冻圈变化对我国的影响有哪些？

我国西部冰冻圈是亚洲众多河流的发源地，现有冰川4.8万余条，总面积约5.2万平方千米，冰储量4.3万亿～4.7万亿吨；冰川资源分布在西藏、青海、新疆、甘肃、四川和云南6省（自治区）。冰川作为固体淡水水库以“削峰填谷”的形式调节径流丰枯，尤其对干旱区绿洲的经济社会发展具有不可替代的天然作用。2010年我国西部冰川年融水量约780亿米^3，冰川融水径流量约为全国河川径流量的2.2%，大致相当于甘肃、青海、新疆和西藏4省（自治区）河川径流量的10%。就我国西部冰川融水对河流的补给比重而言，以新疆为最大，补给比重占25.4%；其次是西藏，占

8.6%，甘肃最小，仅占3.6%。在气候变暖背景下，我国西部80.8%的冰川呈退缩状态，冰川面积整体性萎缩了18%。近50年来，我国西部冰川融水径流增长高达53.5%。1980年以来，新疆出山径流增加显著，最高增幅达40%；乌鲁木齐河源区径流增量的70%来自于冰川加速消融补给；南疆阿克苏河径流增量的约三分之一源于冰川径流增加；长江源区河川径流虽然减少了14%，但冰川径流增加了15.2%。目前冰川加速消融导致江河径流增加，在总体上是有利的，尤其是对干旱缺水地区。然而，冰川融水导致的径流增加不可持续，预估2030—2050年青藏高原大部分冰川融水会陆续出现拐点。事实上，在冰川覆盖率低、以小冰川为主的流域，如受东亚季风影响较大的河西走廊石羊河流域、西风带天山北坡的玛纳斯河和呼图壁河流域，以及青藏高原的怒江源、黄河源和澜沧江源，冰川融水拐点已经出现。在以较大冰川为主的流域，如天山南坡的库车河和木扎特河、祁连山黑河和疏勒河，以及青藏高原的长江源等，预估2030—2040年会出现拐点。在具有大型冰川的流域，出现拐点的时间可能较晚，例如天山南坡的阿克苏河流域，冰川融水拐点可能出现在2050年以后。特别需要重视的是，气候变暖已导致冰川融水径流季节性错配和冰湖溃决洪水灾害频发；一旦冰川融水拐点出现，将直接威胁流域内绿洲经济民生的良性发展。

气候变暖直接影响我国冰冻圈灾害的频率、强度和影响范围。受气候变化影响，我国冰川脆弱性加大。2015年以来，我国冰川跃动和冰崩灾害性事件明显增多。我国境内的跃动冰川达1600余条，主要分布在喀喇昆仑、帕米尔高原和西昆仑山等地区。

气候变化导致青藏高原多年冻土温度上升、地下冰融化，退化明显。我国冻融灾害主要波及青藏高原、东北地区多年冻土区的路网、管网和线网基础设施，特别是青藏高原楚玛尔高平原、五道梁和开心岭等高温–高含冰量冻土区，冻融灾害风险等级高。青藏高原公路隧道、路桥围岩的冻胀破裂渗水及其失稳，新疆地下输油管线的冻裂等事件均造成了巨大的经济损失。中国东北大庆地区110千伏龙任线、220千伏奇让线和二火线等输电线路的多个塔位，由于地基土冻胀使基础失稳而发生过倒塔和倒杆事故。

随着气候变化引起的冬季积雪量的增加、温度的升高，雪崩、风吹雪、融雪洪水灾害强度将增强。我国风吹雪灾害影响严重的地区主要分布在西北、青藏高原及边缘山区、内蒙古和东北山区及平原，对交通干线和工农牧业危害严重。2012年12月22日清晨，乌鲁木齐市区气温降至−28℃，午后G30线新疆境内乌奎连接线路段出现九级以上大风天气。严寒与大风天气的双重影响致使这一路段路面出现大面积风吹雪现象，路面积雪厚达2米，受堵车辆自乌拉泊立交桥开始直至仓房沟立交桥，近6000米路面双向堵死。牧区雪灾是我国发生频繁影响最为严重的一类雪灾。在

图3-6　雪灾造成牲畜觅食困难

高纬度、高海拔地区，特别是有着广阔天然草场的内蒙古、新疆、青海和西藏等主要牧区，几乎每年都会不同程度地遭受这类灾害。牧区雪灾的发生不仅受降雪量、气温、雪深、积雪日数、坡度、坡向、草地类型、牧草高度等自然因素的影响，而且与畜群结构、饲草料储备、雪灾准备金、区域经济发展水平等社会因素息息相关。它常常致使家畜采食困难而发生不同程度的牲畜伤亡事件，并可能伴有牧民冻伤、交通堵塞、电力和通信线路中断等，给国民经济和人民生命财产带来巨大损失。2018年冬半年，青海南部牧区连续出现强降雪天气，局部地区积雪厚度达45厘米，造成青南牧区近60年来最大的一次雪灾，玉树、果洛、海东3个州（市）共21万人受灾，因灾死亡牲畜5.8万头，造成直接经济损失1.92亿元（图3–6）。

水资源受到了哪些影响?

气候变化如何影响水资源?

地球上海水占总水量的96.6%，陆地淡水仅占地球上总水量的1.8%，其余1.6%主要由含盐地下水和含盐湖泊组成。冰盖、冰川和积雪约占淡水资源的97%，而不足3%的淡水被认为可以为基本生态系统功能和人类社会水资源需求轻易获取和获得。这一小部分淡水的总量约为835万亿米^3，其中630万亿米^{3}包含在地下水中，其余205万亿米^{3}储存在湖泊、河流、湿地和土壤中。

水循环是指地球上的水通过吸收太阳的能量改变状态并发生位移的过程。水循环是多环节的自然过程，降水、蒸发和径流是水循环过程的3个最主要环节，这三者构成的水循环途径，决定着全球的水量平衡，也决定着一个地区的水资源总量。气候变化主要通过全球水循环变化对陆地生态系统和人类社会产生影响，而水循环对气候变化的非线性响应由多个驱动因子、反馈机制和时间尺度的相互作用共同决定。人为辐射强迫对地球能量收支的改变导致了全球水循环的重大而广泛的变化。气候变暖增加了天气系统的水分输送，使湿季更加潮湿，很湿和很干事件的强度增加。陆地变暖导致大气蒸发需求增加，通常高于降水变化，导致干旱加重。土地利用变化和灌溉用水影响了当地和区域水循环响应。如果不大规模减少温室气体排放，全球变暖将在全球和区域尺度上造成水循环的重大变化。在全球大多数地区和所有排放情景下，水循环变率和极端性将比平均值变化速度快，与热带风暴和大气河有关的降水将会增加，季风降水增加的地区将多于减少的地区，南亚、东南亚和东亚夏季风降水将增加，而北美夏季风降水将减少。

气候变化对水资源的影响表现在多方面，包括原水水温上升导致工业需水量大增、降水时空变化引起农业灌溉需水量大增、旱涝不均导致局地供水不足、水文循环方式改变导致水质变化等，从而给水资源管理造成压力，需要建设更多的水利工程进行调控。水资源对气候变化的敏感性是指水资源系统对气候变化响应的程度，包括水资源系统对气候均值、气候变率和极端事件的响应程度。前者主要表现在特定流域的多年平均径流对气候均值的响应，后者主要表现在洪涝、干旱等极端水文事件对气候的响应。在全球尺度，年均径流量在高纬度及热带湿润地区将增加，而在大部分热带干燥地区则减少。全球大约一半以上的地方洪水灾害将增加，但在流域尺度上变化存在较大差异。未来强降水增多和温度升高还将导致土壤侵蚀和输沙量发生变化，进而对水质产生影响。全球山地冰川和极地冰盖退缩是海平面上升的主要贡献因素，进而改变全球水循环过程，包括大洋输送带和洋流强度等。在区域尺度，冰冻圈变化深刻影响着流域水文过程，包括10年到百年尺度上的冰川融水拐点、年际尺度上的积雪融水、季节尺度上的消融提前、冰冻圈极端水文事件，如冰川水文变化引发的干旱和洪涝、冰湖溃决、冰川泥石流以及冰川跃动等灾害事件。在许多地区，降水变化和冰雪融化正在改变水文系统，影响水资源的数量和质量。陆地山区冰冻圈是周边及下游地区的重要淡水源地，冰川加速融化，冰储量减小，使其对陆地淡水资源的调节能力减弱。全球变暖一方面导致冰川融水径流增多，另一方面导致冰川消融日期提前、结束日期推后，二者叠加致冰川融水径流季节性错配，夏末秋初出现洪峰高、历时短的突发性洪水。然而，当冰川不断萎缩、冰储量逐步下降时，冰川融水量将出现由增到减的拐点，导致融水径流减少。虽然目前有众多冰川融水径流尚处于持续增多阶段，但在一些以小冰川为主的山区，冰川融水拐点已经出现，年径流量不断减少，例如南美西岸的热带安第斯山、加拿大西部、瑞士阿尔卑斯山地区。在中欧、冰岛、美国西部、加拿大和热带安第斯山脉等地区，水力发电的季节性发生了变化，从高山地区输入的水量有增有减。在一些高山地区，水质也受到冰川融化和多年冻土融化释放的污染物（尤其是汞）的影响。冰川融水资源尤其容易受到水循环对气候变化的非线性响应的影响。随着全球变暖和冰冻圈加速退缩，冰冻圈服务整体上将不断减弱乃至丧失，冰冻圈灾害将多以频发的极端事件加剧呈现。

我国的水资源在变多还是变少?

过去100多年，在人类活动和气候变化的共同影响下，我国主要江河的实测径流量整体呈减少态势。气候变化导致水循环过程加速，蒸散、蒸发因升温而增加，高于降水变化，大部分地区地表水资源量减少。我国降水结构发生变化，小、中型降水事件减少，引起了水资源及其空间分布变化。未来中等排放情景下，我国水资源量总体减少在5%以内，但各区域存在较大差异，东北地区水资源量可能增加，西北大部分地区则可能减少。虽然中国水资源南多北少的空间分布格局不会因气候变化而发生根本性改变，但气候变化导致暴雨、洪涝、强风暴潮、高温热浪、大范围干旱等极端天气事件发生的频次和强度增加，南方典型洪涝风险区和中小流域的极端洪涝事件增多增强，大城市和特大型城市暴雨内涝事件增加。极端气候条件导致的区域性水资源短缺及洪涝灾害可能会进一步加剧。同时，气候变化将导致需水量进一步增加，我国水资源供给的压力将进一步加大。

气候变化对区域水资源的时空分布均会产生重要影响。由于流域产流过程十分复杂，不同地区产流条件存在差异，导致不同地区径流对气候变化的敏感性不同。在我国，径流对气候变化的敏感性由南向北、自山区向平原区显著增加，干旱的内陆河地区和较干旱的黄流上游地区最不敏感，南方湿润地区次之；径流变化最敏感的地区为半湿润半干旱气候区，如松辽流域、海河流域和淮河流域。中等排放情景下，预计21世纪中期，长江、黄河、松花江和珠江径流量可能增加，其中松花江和珠江增幅相对较大；除黄河中游、海河、辽河及松花江流域的径流深呈略微增加趋势外，其他流域径流深多呈减少趋势，其中西南地区径流减少最为显著，减少幅度有可能达5%以上。

受降水影响，青藏高原的河流径流变化区域特征明显，干旱流域的长江、黄河、澜沧江上游径流增加，湿润流域的怒江上游、雅砻江径流减少，印度河上游流域轻微增加，叶尔羌河显著增加，和田河保持稳定略微降低的趋势。在高寒区，无论年径流还是径流的季节分配对气候变暖都比较敏感，冰川退缩在一定程度上影响了青藏高原径流量变化。积雪和冰川的变化已经改变了依靠冰雪融水补给为主的河流和冰川河流域的径流和水资源量及其季节分配。

第二节　气候变化对人类社会的影响

农业受到了什么影响?

气候变化如何影响农业?

气候变化通过降水和温度变化对农作物的种植制度、病虫害的发生发展和危害、农作物的生长发育、产量和品质等产生影响，进而对粮食系统的生产力、不稳定性、营养质量产生直接影响（图3–7）。气候变化对全

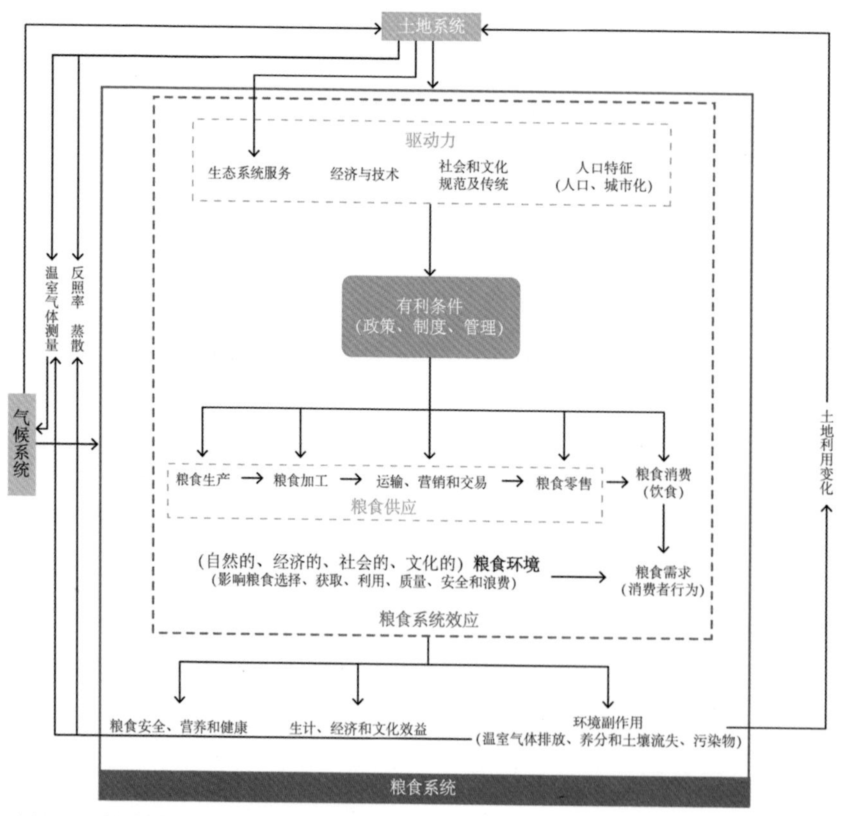

图3–7　粮食系统及其与土地和气候系统的关系示意图
来源：IPCC 2019年综合报告

球大部分地区作物和其他粮食生产的负面影响比正面影响更为普遍，正面影响仅见于高纬度地区。在大多数情况下二氧化碳对作物产量具有刺激作用，增加水分利用效率和产量，尤其对水稻、小麦等碳三作物。气候变化与二氧化碳浓度增高改变了重要农艺措施和入侵杂草的分布，同时增加它们之间的竞争关系。二氧化碳浓度增高降低了除草剂的效果，并改变病虫害的地理分布。

气候变化对作物产量的不利影响比有利影响更普遍。气候变化已经对许多区域小麦和玉米产量及全球总产量产生了不利影响。在各主产区乃至全球，气候变化对水稻和大豆的产量影响较小。气候变化对粮食安全的各个方面均有潜在的影响，包括粮食的生产总量、粮食获取和价格稳定。自21世纪初以来，主要粮食生产区极端气候事件引起粮食和谷物价格在几个时段快速增长，这表明除其他因素外，极端气候事件也是当前市场的一个敏感因子。近年来，粮食生产区遭受极端事件之后，几次出现了食品和谷物价格骤涨的现象，这表明市场对极端事件的敏感性。气候变化可能推高粮食价格，在发展中国家尤其值得关注。

未来几十年气候变化对粮食产量的影响将进一步恶化，特别在高排放气候变化情景下，与1980—2010年的产量相比，2070—2099年全球一些区域的玉米、小麦、水稻和大豆的平均产量将大幅下降，其中南美和撒哈拉以南非洲地区可能会出现严重的小麦短缺。在人口多、收入低和技术进步慢的社会经济发展情况下，全球升温1.3~1.7℃时，粮食安全将从中等风险变为高风险；在全球升温2.0~2.7℃时，粮食安全将从高风险升到极高风险。随着全球变暖的加剧，特别是温升超过2℃时，在不同地点同时发生极端事件的概率增加，对不同地区的粮食产区同时产生影响将更加频繁，粮食安全的风险进一步加大。

未来如果不采取进一步的措施，当局地温度相比20世纪后期水平升高2℃或更高时，气候变化预计将对热带和温带地区小麦、水稻和玉米等主要作物的生产产生负面影响。气候变化将逐步使很多地区的作物产量的年际变化有所加大。海洋渔业捕获潜力向较高纬度地区的再分布，会给热带国家供应量、收入和就业减少带来风险，也将对粮食安全造成潜在影响。如果全球温度高于20世纪后期水平4℃或以上，再加上粮食需求不断增长，将会给全球和区域粮食安全造成较大的风险。一般情况下，低纬度地区粮食安全的风险更大。

气候变化如何影响中国粮仓?

气候变化通过热量资源增加、降水时空分布改变、二氧化碳浓度升高以及极端气候事件频发等对农业产生重大影响。

农业热量资源的增加有利于我国种植制度调整、中晚熟作物播种面积增加，但气候变化对农业的不利影响更明显和突出，粮食生产面临挑战。气候变化对我国小麦和玉米产量的影响略呈负面，对我国水稻和大豆的产量影响不明显（表3-1）。

气候变化导致热量资源增加，适应措施促进中国多熟种植北界向高纬度高海拔地区扩展，喜温植物和越冬作物、适宜冷凉气候的作物可种植面积迅速扩大。作物品种向生育期长和耐高温的趋势更替发展，间作套种模式面积增加。

表3-1 气候变化下主要农作物产量品质变化（1980—2008年）

品种	单产变化	品质影响
小麦	减产1.3%	蛋白质、赖氨酸、脂肪含量增高，淀粉含量下降，品质得到提高
玉米	减产1.7%	蛋白质、赖氨酸、脂肪含量减少，淀粉含量略有增高，品质有所下降
大豆	减产0.4%	蛋白质含量增加，不同地域品种脂肪含量增减不一，品质变化区域差异大
水稻	增产0.6%	蛋白质含量降低，口感变差，营养成分降低

未来气候变化对农业的影响有利有弊，并逐渐以负面影响为主，且区域性差异显著。具体地，将影响我国的农业生产布局、结构以及生产条件；并将大幅增加农业成本和投资需求；对粮食安全、作物产量、国际市场农产品价格产生重大影响。据估算，如果不采取任何措施，到2030年我国种植业在总体上可能减产5%～10%。到2050年农业受到的冲击会更大。未来气候变暖将使大部分病虫害发育历程缩短、危害期延长，害虫种群增长力、繁殖世代数增加。未来气候变化会导致土壤潜在蒸发能力增大，含水量降低，耕地土壤环境质量与健康质量下降。

未来气候变化对中国农业的影响在各区域存在较大差异。东北地区预估到21世纪50年代，玉米中晚熟品种种植边界北移，部分地区大豆和水稻产量降低，作物生长季呈现明显干旱化趋势。华北地区未来气候变暖使得农业复种指数增加，但灌溉用水仍是农业发展的主要限制因素。华东地区的农业生产将受到气候变化的负面影响，水稻、小麦等主要作物以减产为主，大多数病虫害在变暖变湿的条件下会更严重地危害水稻生产。华中地区未来气候变化将使作物生育期缩短，极端气候事件增多，农业生产不稳定性加剧。西北地区未来气温升高可能导致春小麦、马铃薯等主要作物产量下降。

对人群健康有什么影响?

人群健康与气候变化有什么关系?

气候变化通过一系列复杂途径和过程影响到人群健康，其影响途径主要有3个：通过热浪、干旱和暴雨等极端天气事件频率的变化，直接影响人群健康；以自然生态系统为中介，通过传播有害致病微生物和过敏原、加重空气和水污染等，间接影响人群健康；以人类社会经济系统为

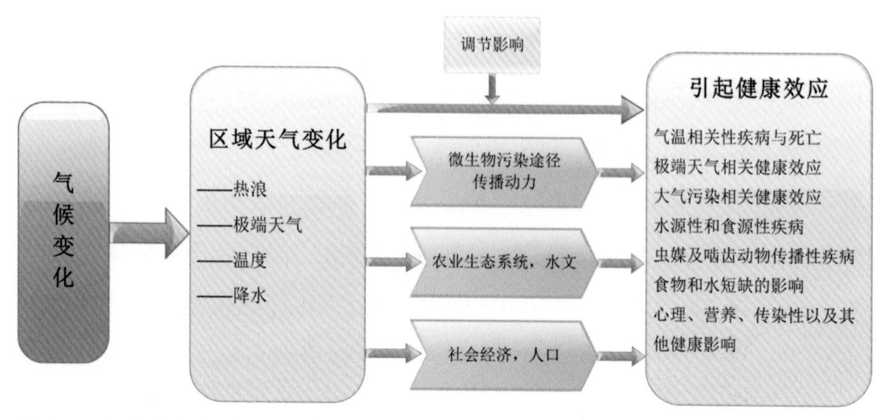

图3-8 气候变化影响人群健康的途径

中介，通过影响食物生产和分配、精神压力等造成人群健康水平的不断恶化（图3-8）。

气候变化对人类健康具有多重影响，有些影响是正面的，但多数是负面的。例如，高温热浪和寒潮天气、特大洪水和极端干旱、区域性的空气污染以及空气中的过敏原（花粉、粉尘等）对人类健康都具有直接的影响。气候变化通过对生态系统和社会系统产生影响而间接对人类健康发生作用，这些间接影响包括传染病的发病动态、区域性的粮食生产水平和不良营养状况等。

全球气候变化对人类健康的影响主要通过两个方面产生作用。一是持续的气温升高造成高温热浪、强降水等极端天气气候事件频繁出现，增加了与热事件相关的死亡率。在一些区域，变暖已经导致与炎热有关的死亡率增加，与寒冷有关的死亡率下降。由于未来气候变化将导致高温热浪的发生次数增加，并且这种高温热浪在很多情况下会因空气湿度的增加和城市空气污染的增加而进一步加剧，因此很可能造成与高温热浪有关的死亡率的增加和流行病的发生，对城镇人口，尤其是老人、病人和缺乏适应性建筑及空调设施人群的影响更大。二是气温升高、降水变化以及气候变率的变化改变了一些传染病（特别是蚊子传播的疾病）传播媒介的流行范围与严重程度，局地气温和降水的变化已改变了一些水源性疾病和疾病虫媒的分布，进而改变了传染病的地理分布和染病时节，一些传染病及并发症的感染区域和季节将会扩展。当然，在某些地区，由于气候变化使降水减少或者使温度升高超过了媒介适宜传播的极限，一些传染性疾病将有可能降低。

此外，由于气候变化可以引起海洋环境的变化，这大大增加了人类食用鱼类和贝壳类生物的中毒危险。与水温相关的生物毒素，如热带海区的鱼肉中毒现象会向高纬度地区扩展，同时较高的海面温度也将延长有毒藻类的生长期，这对海洋生态和经济都具有破坏作用，并且与人类中毒也密切相关。气候变化还会使地表水的水量和水质都发生变化，这将影响到痢疾的发生机率。气候变化还会造成粮食供给发生变化，使世界上一些地区贫困人群的营养和健康水平受到影响，由于营养不良会使儿童身体和智力发育不良、成人劳动能力减弱，因而感染疾病的可能性也会增加。在一些更为极端的情况下，气候变化还可能导致社会动荡、经济衰退和人口迁移，也都将会对人类健康带来间接影响。

到21世纪中叶，气候变化将主要通过加剧已经存在的健康问题来影响人群健康。气候变化对人群健康的影响将不会均衡地分布于全世界。发展中国家的人群，尤其是小岛屿国家、干旱和高山地区、人口密集的沿海地区的人群尤其脆弱。气候变化已经导致全球疾病负担增加，而且预计未来将进一步加重这一负担。在整个21世纪，预计气候变化会导致很多地区，特别是低收入发展中国家的健康不良状况进一步加剧。例如，更强烈的热浪和火灾造成的疾病及伤亡的可能性加大；贫困地区粮食减产导致营养不良的可能性增加；脆弱群体面临工作能力丧失和劳动生产率降低的风险；

面临食源和水源疾病及病媒疾病增加的风险。预计正面影响可包括由于极端低温事件的减少、粮食产地的变化以及病媒传播某些疾病能力的降低，从而使某些地区与寒冷相关的死亡率和发病率有一定程度的降低。但21世纪在全球范围，负面影响的幅度和严重程度估计会超过正面影响。

气候变化如何影响我国人体健康?

气候变化对多种疾病均有不同程度的影响，其中对心脑血管系统疾病和呼吸系统疾病的发病和死亡影响最大。在我国，冬夏季节心脑血管疾病的发病率和死亡率最高，特别是冬季异常低温和夏季异常高温时，死亡率会明显增高，尤其是在夏季短期内出现热浪时，死亡率增高更为明显。我国受气候变化影响最大的高危人群是老年人、婴幼儿和体弱多病者。

气候变化已经对我国各个区域人群健康造成了不利影响。华东地区高温热浪造成病死率上升，血吸虫病在江西、安徽、江苏部分地区呈上升趋势。华中地区夏季高温热浪频率和强度的增加，导致夏季中暑人数大幅增加，引发心脑血管、呼吸系统等疾病或死亡。华中地区暴雨洪涝增多增加了疟疾、乙脑等传染性疾病的传播和发病率。湖南、湖北是血吸虫病的流行区，而该地区气候变暖有利于血吸虫病的中间宿主钉螺越冬，减少死亡率，还造成钉螺从长江以南向北迁移扩散。西南地区的云南，越来越多的高温热浪导致的热群发病率和死亡率在不断上升。重庆2006年和2007年特大旱灾和洪灾后，地方传染病发病率均高于2005年。

未来气候变化可能加重中国疾病与健康风险。上海市2030—2059年和2070—2099年热相关死亡人数的年均值预计将分别比1980—2009年增加48%～54%和148%～255%。上海市未来温度热效应人群死亡风险将上升。随着全球气候变暖，我国原先月平均气温低于16℃的无疟区可能变成疟疾流行区。2031—2050年我国有效传疟季节将有提前开始、延迟结束的趋势，有效传疟日数不同程度延长。相对于1981—2000年有效传疟分布边界有向北和向西扩展，疟原虫繁殖代数也有增多的趋势。在全球气候变暖条件下，我国登革热有由南向北扩展的趋势，部分非流行区变成流行区，某些流行区有可能成为地方性流行。不同气候情景下，我国未来登革热流行风险区均北扩、风险人口显著增加，疾病防控压力进一步增加。2050年我国血吸虫病潜在流行区预计北移扩散面积为35.2万～41.6万平方千米，2070年扩散面积将达46.4万～77.0万平方千米，原流行区的血吸虫病传播强度增加。以2030年和2050年我国平均气温将分别上升1.7℃和2.2℃为依据，我国血吸虫病潜在流行区将明显北移，潜在流行区面积将达全国总面积的8%，受血吸虫病威胁的人口将增加2100万人。

第四章 未来气候变化与风险

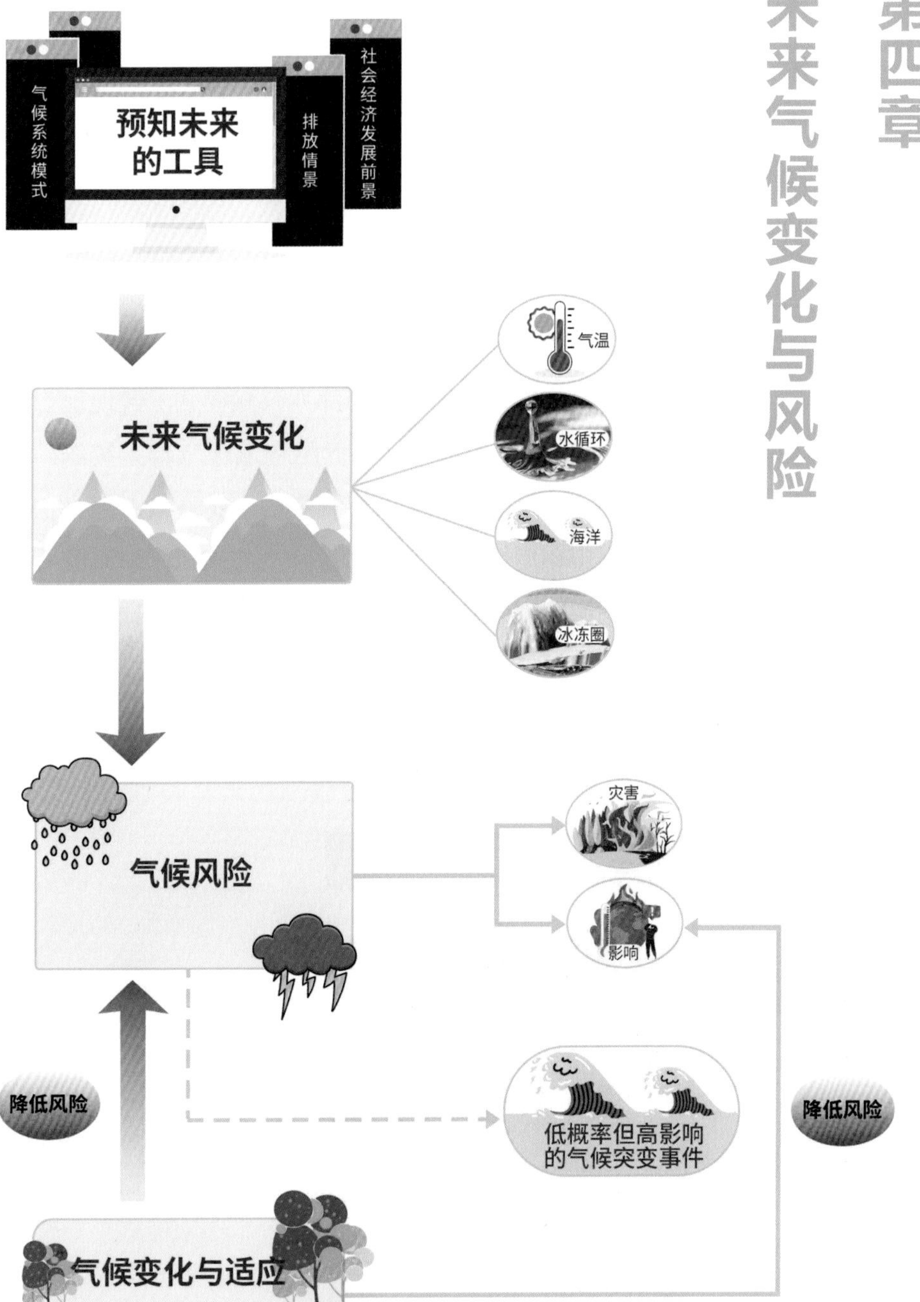

第一节　未来气候如何变化

预知未来气候的工具

气候系统模式

目前科学家主要利用气候系统模式（以下简称为气候模式）或地球系统模式对气候变化进行预估。气候模式是根据影响地球气候系统的内部和外部强迫因子以及气候系统5个圈层（大气圈、水圈、岩石圈、冰冻圈、生物圈）的相互作用和反馈，用数学方法建立起表示气候系统状态和变化的数学模型。利用建立的数学模型，通过计算机数值计算，可以模拟多种时间尺度全球和区域气候的形成及变化。地球系统模式较气候模式更加复杂，引入碳循环，从而可以模拟得到大气中二氧化碳的

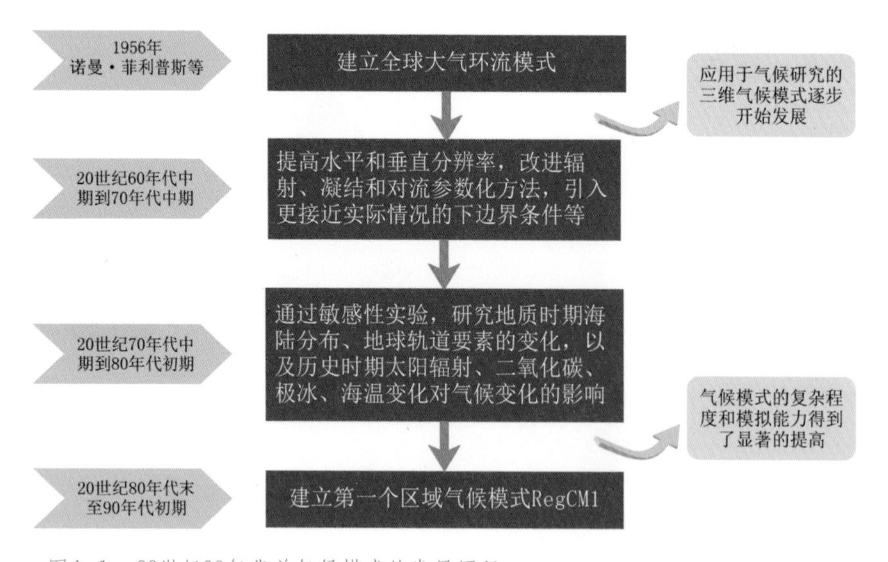

图4-1　20世纪90年代前气候模式的发展历程

浓度。它还可以包括额外的分量，如大气化学、冰盖、动态植被、氮循环，以及作物模式等。

气候模式的发展要追溯到数值天气预报的产生（图4-1）。世界气候研究计划（WCRP）耦合模拟工作组（WGCM）于1995年发起和组织国际耦合模式比较计划（CMIP)，最早的目的是研究这些气候模式的模拟性能。目前的第六次模式比较计划（CMIP6），已不单纯是一个模式研发和评估的国际合作平台，而是拓展到气候科学研究的方方面面，包括气候变率和可预报性、区域气候变化及其过程、气候变化检测归因等，其中未来气候变化预估是历次CMIP的重要研究内容。

从参与CMIP计划的模式数量就可以看出气候模式和其研发团队的快速发展，目前的模式考虑的过程更为复杂，以包含碳氮循环过程的地球系统模式为主，许多模式实现了大气化学过程的双向耦合，包含了与冰盖和多年冻土的耦合作用；大气和海洋模式的分辨率明显提高，大气模式的最高水平分辨率达到了全球25千米（图4-2）。

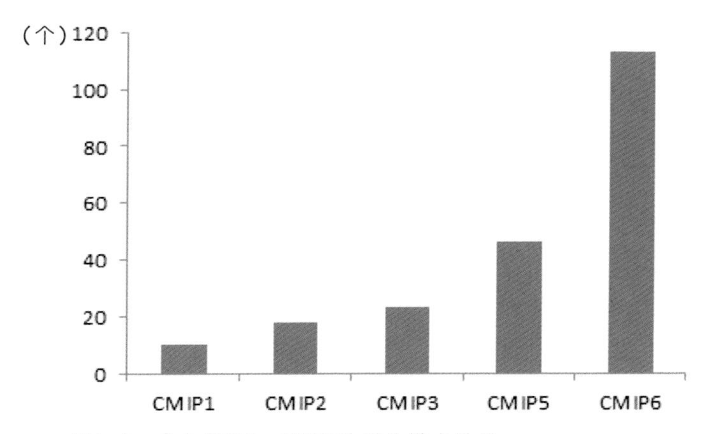

图4-2　参与CMIP1~CMIP6计划的模式数量

注：当时为了与筹备中的IPCC第五次评估报告相匹配，将模式比较计划命名为CMIP5，因而跳过了CMIP4的编号

小知识　气候物理机制研究获诺贝尔奖

2021年10月5日，诺贝尔物理学奖的一半授予两位气候学家——真锅淑郎（Syukuro Manabe）和克劳斯·哈塞尔曼（Klaus Hasselmann），以表彰他们“对地球气候的物理建模、量化可变性并对全球变暖进行可靠预测”。对二氧化碳温升效应的定量估计，是真锅淑郎的研究被铭记的重要原因。在诺贝尔奖的官方网站上，关于真锅淑郎的主要贡献图示里包括他所建立的气候模型，以及随着二氧化碳浓度变化该模型模拟的大气温度变化。真锅淑郎开创性地研究了辐射平衡与对流热通量的相互作用，并且考虑了水循环对加热大气的贡献。该模型显示，当二氧化碳浓度从300ppm加倍到600ppm时，地表温度会增加2.4°C，减半到150ppm时，地表温度会降低2.3°C。二氧化碳相较于工业化前的参考值加倍（或4倍）达到新平衡态后的试验，随后成为气候研究的标准试验，所对应的增温被称为平衡态气候敏感度。真锅淑郎等用简单模式给出的敏感度估计直至今日仍不过时——在2021年最新发布的IPCC第六次评估报告中给出的估计是很可能位于2.0~5.0°C的区间。时至今日，真锅淑郎的一维“辐射—对流平衡模式”已成为诸多教科书上的重要章节。这个模型足够复杂，适当地考虑了大气中主要的温室气体与大气热力结构本身的复杂相互作用，但也足够简洁，在当时计算机发展水平十分有限的情况下，不会耗费过多的计算资源。

排放情景

模拟计算时，还需要设定未来的自然因素（太阳活动、火山活动）和人类活动（人为排放温室气体和气溶胶、土地利用等）等气候系统的外源强迫，这样才能对未来几年至百年时间尺度上气候系统如何变化作出估计。

气候变化预估主要考虑人为排放各种情景的影响，称为排放情景。排放情景是建立在一系列科学假设基础之上，为了对未来气候状态时间、空间分布形式进行合理描述而假定的人为温室气体和气溶胶等的排放情况。人为温室气体和气溶胶等的排放数据或转化为大气浓度数据输入气候模式，从而用于对未来气候变化的预估模拟。

基于不同情景的气候预估，是历次IPCC科学评估报告的核心内容之一，其结果可展现不同政策选择所带来的气候影响及社会经济风险，是政府决策的重要科学依据。

由于各种人为排放中温室气体的重要性，有时也称为温室气体排放情景。IPCC第三次和第四次评估报告（TAR和AR4）采用的是IPCC排放情景特别报告（SRES）公布的排放情景，包括SRES-A2、SRES-A1F1、SRES-A1B、SRES-A1T、SRES-B1和SRES-B2等；第五次评估报告(AR5)采用的是基于典型浓度路径（RCP）的情景，包括RCP2.6、RCP4.5、RCP6.0和RCP8.5等。第六次评估报告（AR6）采用了5个新的说明性排放情景来探索未来的气候响应，采用的是社会经济发展情景——共享社会经济路径（SSP）和RCP共同构建的排放情景，包括SSP1-1.9、SSP1-2.6、SSP2-4.5、SSP3-7.0、SSP5-8.5等，在这些情景假设中，SSP1是可持续发展的世界，走绿色道路，缓和适应的挑战低；SSP2是选择 “中间路线”的世界，趋势大体上遵循其历史发展模式，减缓和适应的挑战为中等；SSP3是“民族主义复兴”的、区域化的世界，减缓和适应面临巨大挑战；SSP4是更加不平等的世界，减缓挑战低，适应挑战大；SSP5是一个经济产出和能源使用都快速无限制增长的世界，减缓挑战高。按照21世纪末的温室气体浓度值，排放情景可分为高、中、低等几类（表4-1）。

表4-1　IPCC采用的主要排放情景的高、中、低分类

排放情景	IPCC 第三次评估报告和第四次评估报告	IPCC 第五次评估报告	IPCC 第六次评估报告
很高	SRES-A2 和 SRES-A1F1	RCP8.5	SSP5-8.5
高	-	-	SSP3-7.0
中	SRES-A1B、SRES-A1T、SRES-B1 和 SRES-B2	RCP4.5 和 RCP6.0	SSP2-4.5
低	-	RCP2.6	SSP1-2.6
很低	-	-	SSP1-1.9

与之前的报告相比，第六次评估报告采用的情景对温室气体、土地利用和空气污染物进行了更广泛的假设（图4-3）。利用这组情景驱动气候模型，同时考虑未来太阳活动和火山活动背景，以预估气候系统的未来变化。

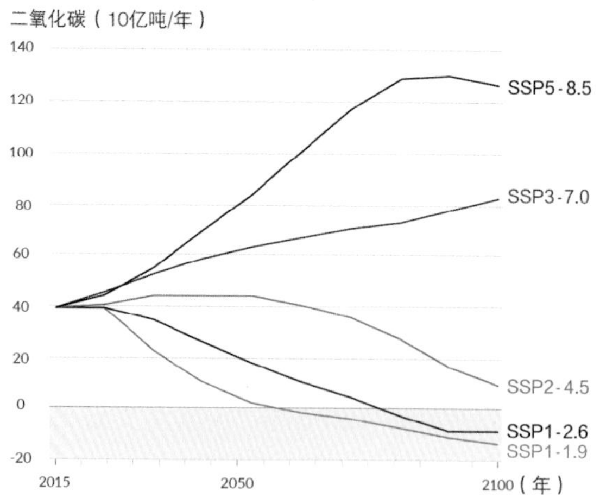

图4-3　5种新的排放情景下，未来全球二氧化碳的历年排放量

来源：IPCC第六次评估报告

未来世界的气候

温度

IPCC第六次评估报告给出了5种排放情景下的气候预估结果（图4-4）。预估结果称，在所有5个排放情景下，至少到21世纪中期，全球表面温度将继续上升。

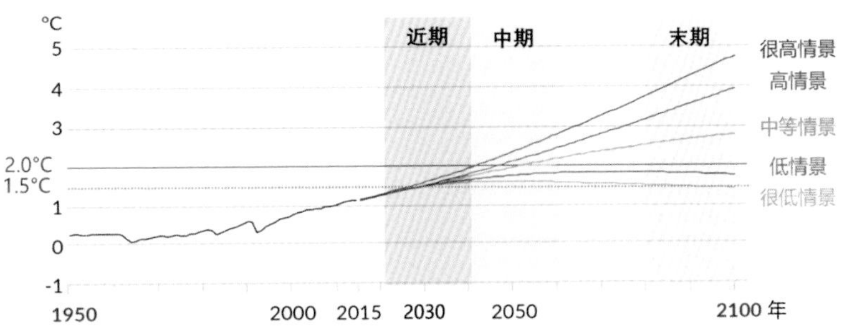

图4-4　全球表面温度相对于1850—1900年平均值的变化
来源：IPCC第六次评估报告

未来近期，不同情景下的温升幅度差异不大。到21世纪中期，考虑不确定性范围的情况下，最低和最高情景下的温升幅度将完全分离。相比工业化前（1850—1900年），到21世纪中期（2041—2060年），全球平均温度将在高排放（SSP3-7.0）和很高排放（SSP5-8.5）的两种不进行减缓的情景下升高2.1℃和2.4℃，全球温升将达到2℃阈值；在很低（SSP1-1.9）、低（SSP1-2.6）和中等（SSP2-4.5）情景下将分别升高1.6℃、1.7℃和2.0℃。全球并不是均匀增温的，但21世纪中期时不同情景下全球绝大多数陆地和海洋的气温都比基准期1995—2014年要高，且升温的面积比例随着全球平均温升幅度升高而扩大。大西洋副极地地区、赤道太平洋和南大洋升温幅度的模式间差异较大。在很低和低排放情景，全球温升幅度分别在中期前后达到峰值，随后下降。21世纪末期（2081—2100年）的全球表面温度将升高1.0~5.7℃，陆地表面增暖将是海洋表面的1.4~1.7倍。

水循环

未来水循环强度将增加但非加速，包括其变率、全球季风降水以及干湿事件强度的增加。

相较1995—2014年，在21世纪中期，陆地降水将增加2.6%~4.0%，增幅的情景间差异较小。但情景间差异会随时间有所增大，到21世纪末期时，陆地降水的变幅将为-0.2%~4.7%。在不同情景下陆地的降水增加幅度要高于海洋或者全球平均。

随着未来变暖幅度的增大，降水变化将表现出明显的季节和区域差异。全球陆地范围内，季节降水发生明显变化的区域将会增加。在融雪径流主导的区域，未来春季融雪将提早，夏季径流峰值将增大。在21世纪中期和末期，全球范围内的季风降水预计将增加，特别是南亚和东南亚、东亚和除萨赫勒西端外的西非。北美、南美和西非的季风开始时间预计将延迟，西非的季风结束时间也将推后。

高纬度地区和热带海洋的降水量很可能会增加，但亚热带大部分地区的降水量可能会因变暖而减少。在北半球热带外陆地区域，很高排放情景（SSP5-8.5）下降水将在21世纪中期增加1.5%~8.8%，低排放情景（SSP1-2.6）下将增加0.6%~7.3%。而在大西洋亚热带地区，高（SSP3-7.0）和很高（SSP5-8.5）排放情景下降水反而减少约10%，其余SSP排放情景下的变化不大。

受水汽输送增加的影响，在很高排放情景下，21世纪中期，陆地的水平衡量（降水减去蒸发）将增加5%，其余情景下增加2%~3%。径流的增幅更大，但是不确定性也大。大气可降水量增幅的情景间差异较大，不同情景下陆地平均值将增加6%~15%，对应着极端降水的增加。在高排放情景下，大气中的水汽停留时间将从现在的8天增加到21世纪中期的9天，意味着降水事件间隔时间将拉长。

海洋

气候变化对海洋的影响包括温度升高、更为频繁的海洋热浪、海洋的酸化以及含氧量的降低，这将对海洋生态系统以及依赖于海洋生态系统的人类生活造成影响。至少在21世纪余下的时间里，海洋的变化，包括变暖、更频繁的海洋热浪、海洋酸化、氧气含量降低和全球海平面上升，都将持续下去。

相比1995—2014年，全球平均海平面将在2050年上升0.18~0.23米，2100年上升0.38~0.77米。整个21世纪，沿海地区的海平面将持续上升，这将导致低洼地区发生更频繁和更严重的沿海洪水，并将导致海岸受到侵蚀。以前百年一遇的极端海平面事件，到21世纪末可能每年都会发生（图4–5）。

由于海表温度的增加和高纬度海水盐度的降低，上层海洋的稳定度将在未来持续增加。未来风驱洋流随着大气环流的变化而改变，如东澳洋流

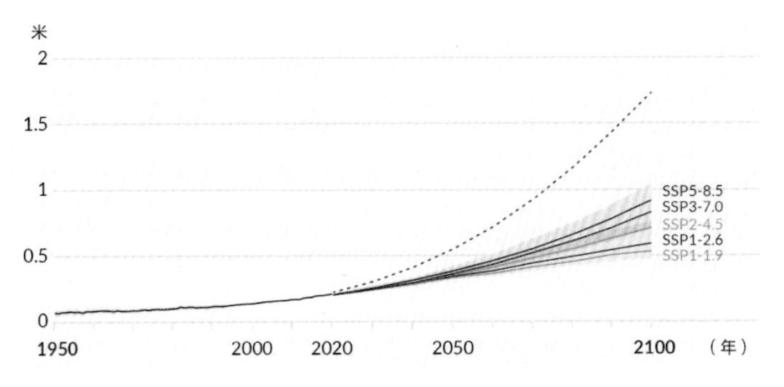

图4–5　不同情景下全球海平面的变化（相对于1900年平均值）
来源：IPCC第六次评估报告

和厄加勒斯洋流延伸体的加强、湾流和印度尼西亚贯穿流的减弱。未来大西洋经向翻转环流将比基准期1995—2014年减弱，但变化幅度的模式间差异较大；预估显示21世纪内大西洋经向翻转环流崩溃的可能性较低，但这种风险无法排除，在后面的章节会继续说明。

冰冻圈

进一步的变暖将加剧多年冻土的融化，以及季节性积雪的损失、冰川和冰盖的融化、夏季北极海冰的损失。全球温升每增加1℃，多年冻土上层的体积将减少25%，北半球春季积雪的覆盖度将减少8%（图4–6）。

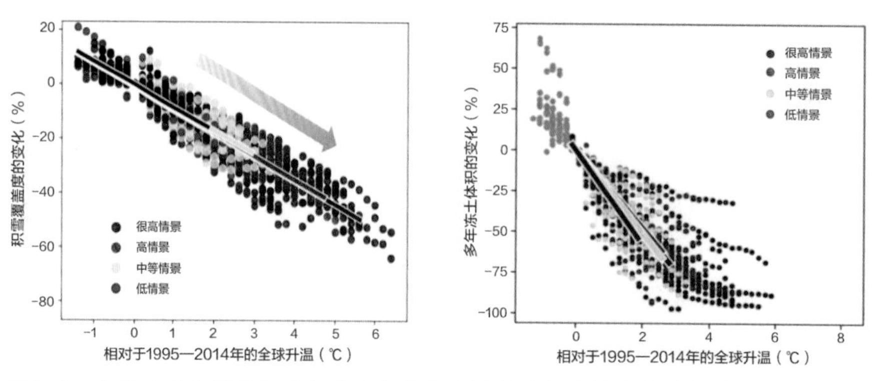

图4–6 北半球春季积雪和多年冻土上层体积随温升幅度的变化（相对于1995—2014年平均值）
来源：IPCC第六次评估报告

对于所有存在长期观测的地区，2010—2019年冰川质量至少是20世纪初以来的最小。由于冰川变化的滞后效应，即使全球温度稳定，冰川至少在几十年内仍会继续失去质量。预计到2100年，全球冰川将减少18%~36%。

21世纪内格陵兰冰盖和南极冰盖都将继续减少。在低排放情景下，到2100年，格陵兰冰盖和南极冰盖对全球平均海平面上升的贡献可能分别为0.01~0.10米和0.03~0.27米，在很高排放情景下分别为0.09~0.18米和0.03~0.34米。在高排放情景下，我们目前对与冰盖不稳定性和海洋冰崖不稳定性相关的过程知之甚少，这些过程有可能在一个世纪到多个世纪的时间尺度上大幅增加南极冰盖的损失，存在非常大的不确定性。

北极的增温速率将继续超过全球平均，是全球变暖速度的2倍以上。2050年之前，北极就可能在9月出现一次“无冰”状态，而且随着变暖水平升高，这种情况会更频繁地发生（图4–7）。

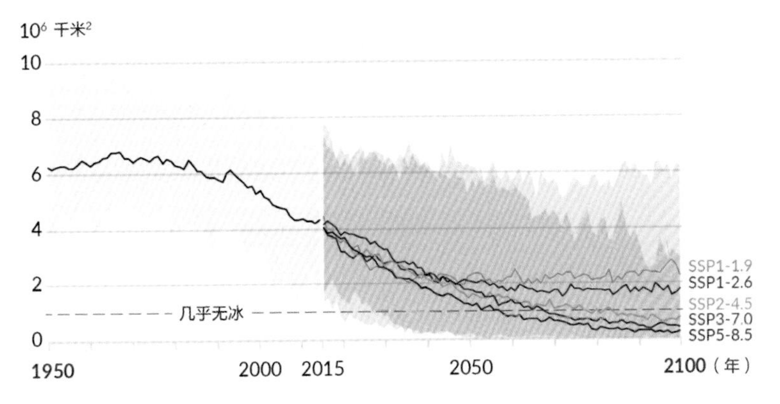

图4–7　不同情景下北极9月海冰面积的变化
来源：IPCC第六次评估报告

过去和未来温室气体排放造成的许多变化，在数百到数千年内都是不可逆转的，尤其是海洋、冰盖和全球海平面的变化。由于海洋巨大的热惯性，在21世纪剩下的时间里，在低排放情景下，海温增速可能是1971—2018年变化的2~4倍，在很高排放情景下更是4~8倍。全球海洋温度、深海酸化和氧含量的变化，在几百年内甚至几千年内都是不可逆的。山地和极地冰川也将持续融化数十年或数百年。多年冻土融化后的碳释放在数百年内是不可逆的。古气候记录显示，冰盖退缩要比扩张快得多，因为随着冰盖退缩会触发正反馈机制。比如，随着格陵兰冰盖的融化，它的高度会降低，这样更多的冰盖就暴露在低层较为暖和的空气下，就会进一步加速融化。南极冰盖很多是深入海面以下的，随着海面以下部分的融化，冰盖变得更薄，会加速冰盖滑入海水中，也会进一步加速融化。可以确定，格陵兰冰盖和南极冰盖将在21世纪内持续损失，格陵兰冰盖的损失量将随着温室气体累积排放量的增加而增加。

从更长的时间来看，由于深海持续变暖和冰盖持续融化，海平面可持续上升数百至数千年。在接下来的2000年里，如果升温限制在1.5℃，全球平均海平面将最终上升2~3米，如果升温限制在2℃，则全球平均海平面将最终上升2~6米，如果升温5℃，全球平均海平面将最终上升19~22米，并且在随后的几千年里，还可能将继续上升（图4–8）。未来数千年的全球平均海平面上升的预测，与过去温暖气候时期重建数据得到的上升高度较为一致：大约12.5万年前的全球温度很可能比工业化前高0.5~1.5℃，当时海平面可能比现在高出5~10米；大约300万年前的全球温升水平是2.5~4.0℃，当时很可能比现在高出5~25米。

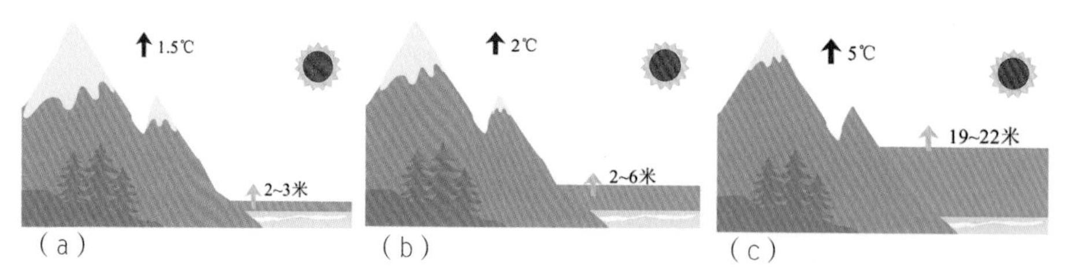

图4–8　升温1.5℃（a）、2℃（b）、5℃（c）海平面上升情况

亚洲

对于我们所在的亚洲地区，观测到的平均温度的升高，已经超出自然变率的范畴，极端暖事件在增加、极端冷事件在减少，这一趋势未来将延续。海洋热浪将继续增加。在亚洲北部，火灾易发的时间将延长，火灾天

气的危险等级将升高。亚洲大部分地区平均降水和强降水都将增加。在亚洲中部和北部，平均风速在减少并将继续减少。相较于全球平均状况，亚洲地区的海平面升高速度更快，导致了海岸线的退缩。未来，区域平均海平面高度将继续抬升，给沿海城市带来极大挑战。冰川在融化，多年冻土在消融；到21世纪中期，季节性积雪的持续时间、冰川物质和多年冻土的范围将进一步减少（图4-9）。冰川融水导致的径流增加不可持续，高山区域的冰川融水径流将在近期增加，但随后又将减少。

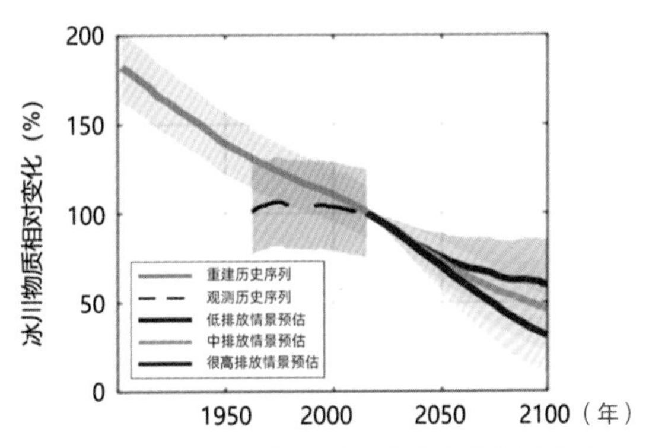

图4-9　1901—2100年亚洲高山区冰川物质变化（相对于2015年）
来源：IPCC第六次评估报告

第二节　气候风险

未来全球气候变化下，气候风险涉及多个方面。首先是气候本身平均状况变化带来的风险，随着全球变暖幅度的持续增加，气候系统的一些组分会产生不可逆的变化，特别是海洋、冰盖和全球海平面的变化。在气候系统演变中，还不能排除发生类似南极冰盖崩塌、温盐环流崩溃、森林枯死等的气候系统突变。其次是气候变率的变化导致极端天气气候事件的增加。随着全球变暖幅度增加，极端事件的变化继续加大，包括极端高温、海洋热浪和强降水的频率和强度增加，以及一些地区农业和生态干旱的增加、强热带气旋比例的增加。无论是气候平均状况还是极端事件的变化，都会对相关部门，如农业、基础设施等产生影响，气候风险向着自然系统

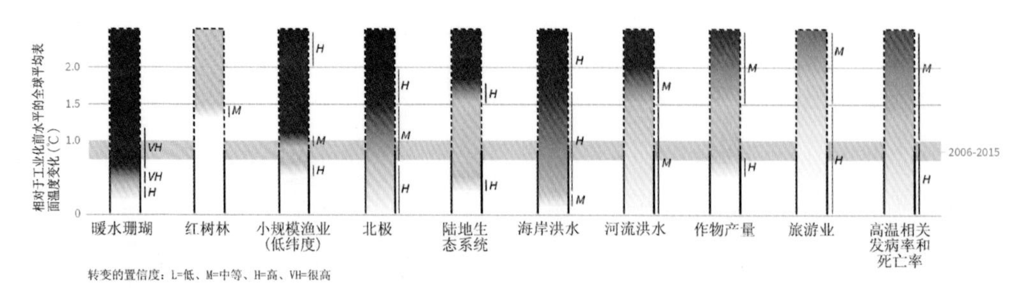

图4-10　自然系统、人类社会遭受气候风险的示例
来源：IPCC全球升温1.5℃特别报告

和人类社会的众多方面传递（图4-10）。且目前研究显示，未来消极影响要比积极影响多得多，尤其是当预估的气候变化幅度和速度较快时。IPCC第六次评估报告显示，在确定的35个气候影响因子中，全球几乎所有区域未来都将经历10个以上因子的变化，会对自然和人类系统产生一系列的影响和风险。

气象灾害风险

随着全球变暖幅度的增加，极端天气气候事件的变化继续加大，包括高温热浪、强降水、洪水、干旱等。极端天气气候事件超过某个特定阈值就会产生灾害，未来气候变化下，在强度值、发生频率、持续时间等多个维度上都将表现出灾害风险的加大；或者由于季节性的变化，灾害风险提前或者推后；在空间上，例如洪水极端性的增强，更多的土地将受到洪水灾害的侵扰。

高温

随着全球变暖水平的升高，在全球和大陆尺度以及几乎所有有人居住的地区，极端高温事件的频率和强度将继续增加，而极端寒冷事件的频率和强度将继续下降。与全球变暖1.5℃时的变幅相比，极端天气气候事件强度的变化在2℃时至少会增加1倍，在全球变暖3℃时会增加4倍。在大多数陆地区域，炎热白天和炎热夜晚的发生频率，以及热浪的持续时间、频率和强度都会增加。在大多数地区，未来极端温度强度的变化很可能与全球变暖的变化成正比，最高可达2~3倍。最热天温度升高幅度最大的区域将位于一些中纬度和半干旱地区，其变幅约为全球温升幅度的1.5~2.0倍。最冷天温度升高幅度最大的区域将位于北极地区，其变幅约为全球温升幅度的3倍。随着全球变暖的加剧，高温极端事件的频率很可能呈非线性增加，罕见事件发生频率的相对增加幅度更大（图4–11）。

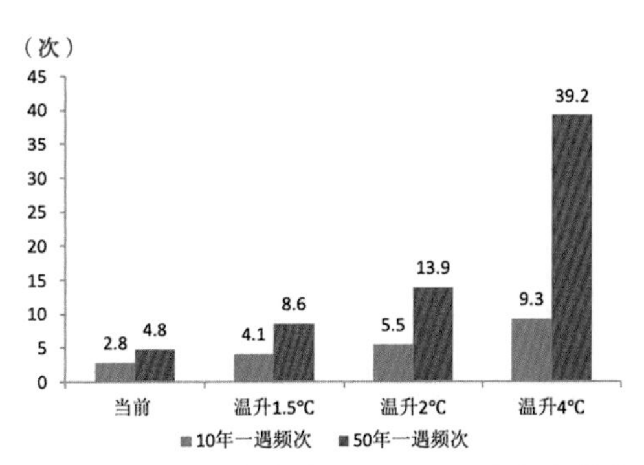

图4–11　工业化前（1850—1900年）气候状态计算的10年一遇和50年一遇极端高温事件在当前和未来的发生频次

海洋热浪，即近海表气温持续偏高，可能对海洋生态系统造成严重和持久的影响。与1995—2014年相比，2081—2100年全球范围内的海洋热浪频率将增加4~8倍；最大的变化将发生在热带海洋和北极。

强降水

随着全球变暖的加剧，强降水通常会变得更加频繁和更加强烈。在全球尺度上，强降水量的增加将遵循大气变暖时可容纳的最大水汽含量的增加速率，即全球变暖每升高1℃，大约增加7%。强降水事件频率的增加将随着变暖幅度的增大而加剧，且极端事件频率的变化更加剧烈。如10年一遇和50年一遇事件的频率在全球变暖4℃下，可能分别增加1倍和3倍。极

图4-12　强降水造成的危害

端降水强度的增幅有明显的区域差异，这取决于区域变暖的程度、大气环流的变化等（图4-12）。

极端降水量超过自然和人工排水系统能力时就转化为雨洪，未来极端降水强度的增加，意味着雨洪频率和强度的增加。由于河流洪水涉及复杂的水文过程、土地覆盖变化和人类水资源管理等，河流洪水的未来变化比雨洪的变化有更大的不确定性。水文模型预测，全球范围内未来受到河流洪水增加影响的区域面积要超过减少的区域。预计在俄罗斯北极区域、东南亚、南亚和南美洲西北部，洪水将变得更加频繁和严重；而在西欧、中欧、东欧和地中海地区，洪水将减少和减弱。

干旱

随着全球变暖，未来蒸发将会增多。由于降水减少和蒸发增多，在地中海、非洲南部、北美西南部、南美西南部、澳大利亚西南部以及中美洲和南美洲亚马孙盆地等地区，土壤湿度在21世纪将会减少，并且干旱的持续时间和严重程度可能会增加（图4-13）。预估的干旱变化幅度与不同的排放情景紧密相关，随着全球变暖，干旱发生频率增多、强度增加、影响范围随之扩大。即使在低排放情景下或者全球变暖水平稳定在1.5~2.0℃，干旱亦将发生很大变化，并对区域水资源供应、农业和生态系统造成影响。特别是在地中海、智利中部、北美西部，未来的干旱化程度将远高于过去千年的变化。虽然在有限的土壤湿度和大气蒸发需求增强的条件下，利用增加的大气二氧化碳浓度能提高植物水分利用效率，某种程度可能缓解极端农业生态干旱。

图4-13　未来气候变化下干旱将加重的区域
来源：IPCC 第六次评估报告

当全球变暖达4℃时，约50%的人类居住区将受到农业生态干旱影响，包括欧洲中西部、地中海地区、澳洲大部、亚洲大部、中美洲和南美洲大部、北美洲大部、非洲南部等，只有非洲东北部和亚洲南部的农业生态干旱会减少。并且受土壤湿度限制及相关干旱条件影响，一些地区的陆地碳汇的效率将降低，更多的二氧化碳将停留在空气中。

自然系统的气候风险

自然系统的气候风险影响广泛地存在于陆地、淡水及沿海生态系统，以及它们对人类的服务，也会导致物种损失和灭绝，影响生物多样性。例如，海洋温升、酸化和含氧量下降，会带来海洋生物多样性、渔业、生态系统及其功能以及对人类的服务等方面的风险，包括北极海冰及暖水珊瑚

图4–14 珊瑚白化

礁生态系统的变化等（图4–14）。

在IPCC的1.5℃特别报告所研究的10.5万个物种中，半数以上由气候决定地理范围的物种中，全球升温1.5℃预估会损失6%的昆虫、8%的植物、4%的脊椎动物，而全球升温2℃会损失18%的昆虫、16%的植物、8%的脊椎动物。全球温升还会带来与其他生物多样性相关风险有关的影响，例如森林火灾和入侵物种蔓延。

全球升温1°C时，预估约2%~7%的全球陆地面积会出现生态系统从某种类型转为另一种类型，升温2℃时这一比例为8%~20%。高纬度苔原和北方森林尤其处于气候变化引起的退化和损失的风险中，目前木本灌木已在侵入苔原，未来随着升温这种变化还将加剧。多年冻土融化也会影响伴随其的生态系统。

全球升温会使许多海洋物种的分布转移到较高纬度地区并加大许多

生态系统的损害数量，预计还会引起尤其是在低纬度地区沿海资源的损失并降低渔业和水产养殖业的生产率。温升幅度增大时，引起的影响风险更高，例如，升温1.5℃预估珊瑚礁会进一步减少70%~90%，而升温2°C的损失会超过99%。许多海洋生态系统和沿海生态系统不可逆损失的风险会随着全球升温而加大，尤其是升温2℃或以上。二氧化碳浓度上升造成的海洋酸化会放大升温的不利影响，从而影响各类物种，例如藻类和鱼类的生长、发育、钙化、存活及丰度。

气候变化在海洋中的影响正在通过对生物生理、存活、生境、繁殖、发病率的影响以及入侵物种的风险，加大对渔业和水产养殖业的风险。例如，全球渔业模式的数值模拟显示，在全球升温1.5℃的情况下，海洋渔业全球年度捕鱼量减少约150万吨，而全球升温2℃时的损失超过300万吨。

人类社会的气候风险

一些并发和复合型事件，如高温热浪及干旱并发，风暴潮等极端海平面和强降水的叠加造成复合型洪涝事件等，在近些年受到人们的关注。随着全球变暖幅度的增加，这些复合型极端事件的发生频率可能会增加，对人类的生存环境造成越来越大的影响。极端天气气候事件引起的气候风险还会在城市区域放大。对健康、生计、粮食安全、水供应、人类安全和经济增长的气候相关预估风险会随着全球变暖幅度增加而加大。

复合型极端事件

针对复合型极端事件的未来预估，IPCC第六次评估报告指出，随着全球变暖加剧，许多地区发生复合事件的可能性会增加。全球变暖背景下，欧亚大陆北部、欧洲、澳大利亚东南部、美国大部分地区、中国西北部和印度未来预估的高温干旱复合型极端事件概率都将增加。未来将面临更大的高温干旱复合型极端事件的风险。对于许多野火多发地区，比如地中海和中国大兴安岭地区，未来高温干旱事件频率的增加可能会导致野火的增加。在未来变暖的影响下极端降水增加和海平面上升将导致洪水的可能性加剧，特别是在大西洋沿岸北海地区。在全球范围内，到2100年，高排放情景下复合洪水的概率将平均增加25%以上。由于海平面将继续上升，其与风暴潮以及河流洪水之间的相互作用将导致沿海地区发生更频繁且更严重的复合洪水事件。未来多个地区同时发生类似影响的极端事件的情况也将变得更加频繁，如同时影响各个关键作物产区的事件。

城市对灾害风险的放大

城市地区的气温，特别是在夜间会比周边地区高。这种城市热岛效应是由几个因素造成的，包括由于高层建筑间距离近导致通风和反射减少、人类活动直接产生的热量、混凝土和其他城市建筑材料的吸热性能以及植被覆盖有限等（图4–15）。持续的城市化和气候变化下日益严重的热浪，将在未来进一步放大这种影响。

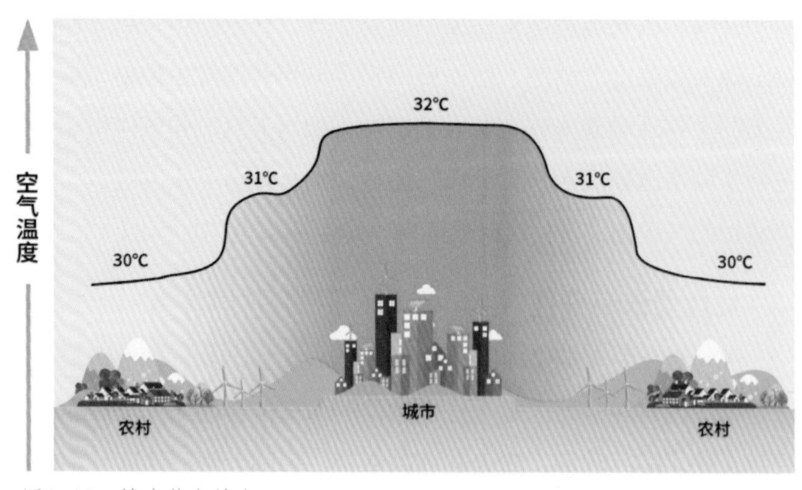

图4–15　城市热岛效应

城市在局地尺度上加剧了人类活动引起的增暖，城市化和极端高温事件频发的叠加将扩大热浪的严重程度。城市化还使得城市或下风向区域的平均降水、强降水及相应的径流增加。在沿海城市，更频繁的极端海平面上升事件（海平面上升和风暴潮共同作用）与极端降水或径流事件相叠加，将使洪水泛滥的可能性增加。

水资源和农业

根据未来的社会经济状况进行预估，如果可以将升温目标从2℃限制到1.5℃，全球暴露于气候变化引起的缺水加剧的人口比例将减少50%，许多小岛屿发展中国家面临的预估干旱变化造成的缺水压力更小。

未来温升幅度加大，还会带来作物减产、品质下降等问题，预估玉米、水稻、小麦以及可能的其他谷类作物的净减产幅度会加大，尤其是在撒哈拉以南非洲、东南亚以及中美洲和南美洲；以及水稻和小麦二氧化碳依赖型营养质量净下降幅度也会加大。在萨赫勒地区、非洲南部地区、地中海地区、欧洲中部地区和亚马孙地区，粮食供应的减少量会加大（图4–16）。随着温度的上升，牲畜可能也会受到不利影响，但这取决于饲料质量的变化程度、疾病的扩散以及水资源的可用率。

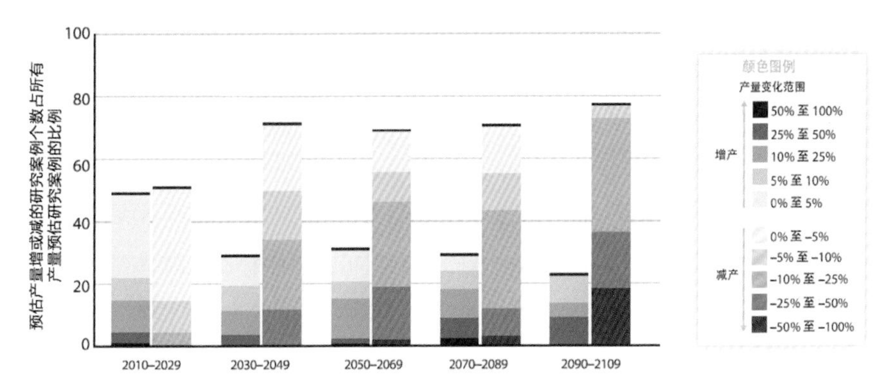

图4–16　21世纪气候变化导致的作物产量变化预估结果的概况

注：图中总结了多种排放情景下，多个地区小麦、玉米、水稻和大豆等多种作物的1000多个预估研究案例

来源：IPCC第五次评估报告

人群健康和居住环境

伴随全球升温加剧，人群健康受到的影响也会增大，高温相关发病率和死亡率的风险会更高。如果未来作为臭氧前体物的温室气体不能够有效减排，臭氧相关死亡率的风险也无法消除。城市热岛效应也往往会放大城市热浪的影响，加剧对人类的影响。疟疾和登革热等一些病媒疾病带来的风险预估会随着升温而加大，包括其地理范围的可能转移。在21世纪末温升3.7℃时，全世界面临疟疾和登革热疾病风险的人口比例约是89%，而这一比例在1970—1999年约是76%。

不断升温会放大小岛屿、低洼沿海地区以及三角洲许多人类和生态系统对海平面上升相关风险的暴露度，包括海水进一步入侵、洪水加剧以及对基础设施的损害加重。在减缓温升的未来情景下，较慢的海平面上升速度可减轻这些风险，能够带来更大的适应机会，包括管理和恢复海岸带自然生态系统以及基础设施加固。

综合影响

排除了减缓成本、适应投资以及适应的效益后，温升持续的气候变化影响会给全球综合经济增长带来更大的风险，热带地区以及南半球亚热带地区各国家的经济增长受到气候变化的影响最大。

面临全球升温1.5℃及以上不利后果的特别高风险的群体包括弱势群体和脆弱群体、一些原住民以及务农和靠海为生的地方社区。面临异常偏高风险的地区包括北极生态系统、干旱地区、小岛屿发展中国家和最不发达国家。随着全球升温的加剧，预计某些群体中的贫困和弱势群体会增加；与升温2℃相比，将全球升温限制在1.5℃，到2050年可将暴露于气候相关风险以及易陷于贫困的人口减少数亿人。全球升温会增加对气候相关的多重及复合风险的暴露度，非洲和亚洲有更大比例的人口暴露于和易陷于贫困。全球升温幅度增加时，能源、粮食和水行业面临的风险会在空间上和时间上出现重叠，产生新的并加剧现有的灾害、暴露度和脆弱性，从而影响到越来越多的人口和地区。

低概率但高影响的气候突变事件

虽然一些气候系统突变的发生概率很低，但仍无法排除它们在未来某个时段发生，如冰盖崩塌、海洋环流突变、部分复合型极端事件的发生以及非常高升温幅度的全球变暖等，在进行风险评估时仍需予以考虑。英国科学家蒂莫西·莱顿等人在2008年和2012年总结了17个可能发生气候突变的要素，包括北极海冰、格陵兰冰盖、西南极冰盖、大西洋经向翻转环流（以下简称AMOC）、亚马孙热带雨林等。这些要素发生的突变通常局限于某个次大陆尺度，但会产生半球甚至全球性影响（表4–2）。

表4–2 主要的气候突变要素及其突变阈值等特征

	突变要素	特征（增减变化）	影响因素	突变的阈值	突变的全球变暖幅度	突变触发后的转变时间	主要影响
冰冻圈	北极海冰	范围（减少）	局地气温和海洋热传输变化	未确定	增温0.5~2.0℃	约10年（快）	加剧气候变暖，改变生态系统
冰冻圈	格陵兰冰盖	体积（减少）	局地气温变化	升温3℃	增温1~2℃	超过300年（慢）	海平面上升2~7米
冰冻圈	西南极冰盖	体积（减少）	局地气温或者海温变化	升温5~8℃	增温3~5℃	超过300年（慢）	海平面上升5米
冰冻圈	多年冻土退化、海洋甲烷水合物释放、喜马拉雅冰川退缩等						
大气与海洋	大西洋经向翻转环流	环流输送强度（减少）	北大西洋淡水输入量	增加0.1~0.5 100万米^3/秒	增温3~5℃	约100年（渐变）	区域降温，海平面变化，赤道辐合带移动
大气与海洋	厄尔尼诺–南方涛动	变率幅度（增加）	赤道东太平洋温跃层深度和坡度	未确定	增温3~6℃	约100年（渐变）	东南亚等区域干旱
大气与海洋	西非季风及撒哈拉和萨赫勒气候	植被覆盖度（增加）	降水量	超过100毫米/年	增温3~5℃	约10年（快）	生态承载力加大
大气与海洋	印度夏季风降水减少、北美西南部干旱加剧、南极底层水减少、海洋缺氧加重、北极臭氧减少等						
生物圈	亚马孙热带雨林	森林覆盖度（减少）	降水量、旱季的长度	低于1100毫米/年	增温3~4℃	约50年（渐变）	生物多样性丧失，降水量减少
生物圈	北方森林（北美和欧亚大陆）	森林覆盖度（减少）	局地气温变化	升温约7℃	增温3~5℃	约50年（渐变）	生物群落改变
生物圈	冷水珊瑚礁退化、热带珊瑚礁退化、南大洋海洋生物碳泵减弱、苔原退化等						

突变还意味着一定程度的不可逆，全球增暖引起气候突变要素跨过临界点，就会引发多米诺骨牌式的正反馈效应，这些要素转为更加陡峭的非线性指数级数变化。气候突变被激活后，产生的影响又会反作用于全球变暖本身。如全球增暖之后，气候突变要素之一的极地多年冻土将会逐渐消融，远古时期封存于其中的有机碳将会以二氧化碳、甲烷等形式被释放，进一步加剧全球变暖。不同突变要素之间也会有关联，涉及大量的正反馈过程，因此一旦这种崩溃过程被启动，越来越多的突变要素将可能跨过临界点，且演变速度越来越快。

2019年，蒂莫西·莱顿进一步指出目前多个要素已经逼近突变的临界点，包括亚马孙森林受到广泛破坏、北极海冰减少、珊瑚礁大规模死去、格陵兰和西南极冰盖融化等（图4-17）。IPCC第六次评估报告指出，在未来不能排除人类影响引发的水循环突变。古气候记录显示，AMOC崩溃会造成全球水循环的突变；到2100年，在较小的可能性下，AMOC会发

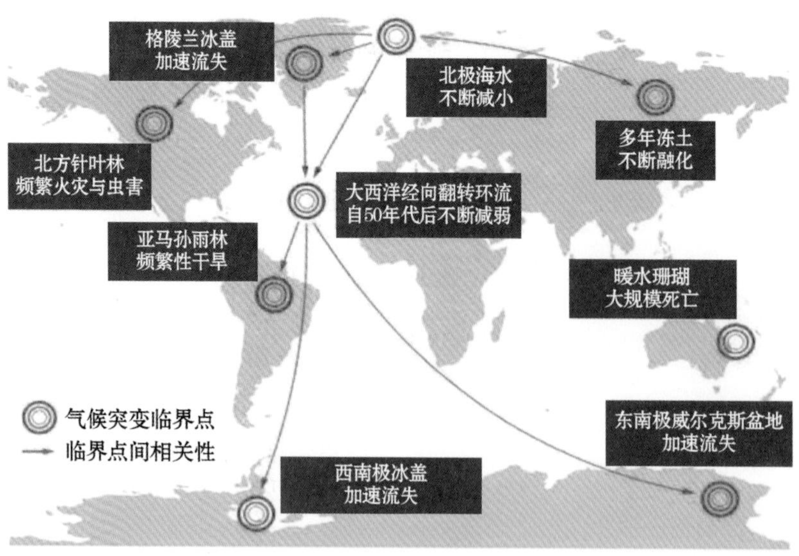

图4-17　多个气候突变要素已经逼近突变的临界点
来源：改绘自蒂莫西·莱顿等（2019）

生崩溃，如果这种情形发生，则很可能会使全球水循环产生突变。亚马孙森林砍伐有可能导致区域水循环的快速变化；植被、沙尘和雪等的某些变化，会触发陆面能量和水分的正反馈过程，有可能引起干旱的突变。

世界大洋的热盐环流在北大西洋有深远的气候影响。大西洋上层有高温高盐度的洋流向北流到北大西洋北部，下沉形成北大西洋深水；在2~3千米的深层海水又向南流到南大西洋，在南极附近再次上升，这就是大西洋经向翻转环流（AMOC），它是欧洲特别是北欧气候温暖的重要原因（图4-18）。在未来气候变化下，水循环加剧，北大西洋降水增加导致入海径流量增加，或者格陵兰冰盖消融和海冰融化，这些都可能造成大量淡水注入北大西洋，可能使下沉形成的北大西洋深水消失、AMOC进而崩溃。2004年美国电影《后天》就讲述了AMOC崩溃后气候变冷、极端天气事件骤发给人类带来的灾难。当然，电影对气候突变触发后的天气气候变化进行了夸张的描述，按照当前的研究，AMOC崩溃被触发后气候状态将在百年内缓慢地转变，而不像电影中所表现的几天内就迅速降温。

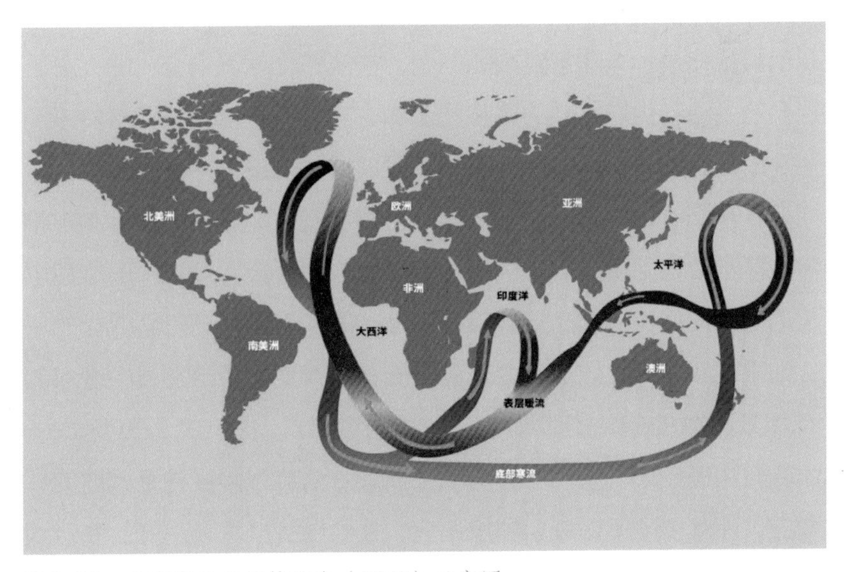

图4-18　大西洋经向翻转环流（AMOC）示意图

第三节　气候变化适应

为什么要适应？

气候变化是全球面临的最为严峻的挑战之一，它给自然系统和经济社会发展带来了广泛而深刻的影响，已经威胁到我们的生存环境和发展条件。在全球多个领域和地区都已经证实了气候变化及其带来的影响，这些影响是深远而持续的，也可能是突发的、不可逆转的。未来气温还将上升，气候变化还将持续，气候变化的不利影响还可能加剧，如不采取有效的应对措施，气候变化及极端天气气候事件引发的后果将更严重，人类社会将面临更大的风险。

面对气候变化带来的巨大冲击，我们必须做出响应，以应对变化的气候和环境，提高气候风险的防控能力，减少气候变化的不利影响，以及在变化的气候中寻求新机遇等，达到降低风险、趋利避害的目的。

适应气候变化是一个非常复杂的问题，涉及在全球气候变化的大背景下人类社会的生活和生产方式的调整及重构，其中既包括气候和自然系统变化的科学问题，也涉及人类社会和经济发展，如调整生产结构与生活方式，包括改变我们的行为模式和生活方式，提高基础建设的标准，制定相应的法律规范及政策制度等，加快构建气候适应型社会。发展中国家适应气候变化的基础设施和能力比较落后，比发达国家更易受到气候变化的不利影响，如果不及时、有效地采取适应措施，气候变化带给发展中国家的损失将大大高于发达国家。所以，对发展中国家而言，适应尤为重要。

气候变化和极端天气事件已经造成了损失，适应气候变化是紧迫的。不但要适应，而且要尽早适应，越早适应，社会经济成本就越低。联合国环境规划署最新发布的报告呼吁，随着气温上升以及气候变化影响的加剧，各国亟需采取紧急行动以适应新的气候，否则将付出极大的代价，承受严重的损失和破坏。另一方面，已开展的实践表明，积极的气候变化适应行动在实现共同繁荣和稳定发展方面会产生多重协同效应，包括增加就业、清洁能源利用、技术创新、改善健康等。适应气候变化是一个长期而艰巨的过程，但只有适应气候变化，才能实现可持续发展。

适应的概念和内涵

气候变化适应是指自然和人类系统对于实际发生的或预期可能发生的气候变化及其影响做出的调整或改变，以达到趋利避害的目的。IPCC对气候变化适应的定义明确了3个方面的关键内容：第一，明确了气候变化的受体，即自然或者人类系统；第二，明确了适应气候变化的内容与途径，即对实际或者预期的气候变化及其影响做出相应的调整；第三，适应的目的是避害趋利。气候变化适应包括适应气候变化的基本趋势和极端天气气候事件，以及适应气候变化带来的一系列后果，如海平面上升、冰雪消融、海洋酸化、生物多样性改变、生态退化等。

气候变化适应体现了人与自然和谐相处的理念，人类应该顺应自然，按照自然的规律调整和规范自己的行为。实际上，人类几千年的文明进化史，恰恰也是人类与气候不断适应的过程。气候变化适应的科学性、实践性都很强，它是一个动态的调整过程，也是一个不断进化的目标，人们对气候变化适应的认识也是一个不断深化与完善的过程，如行为模式、生活方式、基础建设、法律规范、政策与制度。这些改变和调整使制度与管理系统更具有弹性，减缓或削减气候变化的负面影响，认识并利用正面效应，减少或避免气候变化对人类和自然系统产生风险等。同时，气候变化适应也是一项复杂的挑战，它需要多方参与，甚至需要跨部门和区域的沟通与协作来共同应对。与此同时，要以目前的政策和行动来应对未来的影响，但这些影响以目前的认知还有一定的不确定性。

适应是气候变化应对战略的重要内容，也是推动构建人类命运共同体的重要体现，更是防范气候风险、助推高质量发展的必要手段。气候变化是全人类面临的共同挑战，应对气候变化要重视适应与减缓的统筹协调，强调适应气候变化与生态建设和社会经济转型相结合，科学推动气候变化适应政策和行动，努力提高适应能力和水平，建设可持续的气候适应性韧性社会，推动构建人类命运共同体，保护地球家园。

适应策略

笼统来说，气候变化适应的战略和方法包括降低脆弱性或者暴露度以及提高恢复能力或者适应能力。气候变化适应涉及到人类社会、经济和生态的方方面面，可以在不同尺度上开展，既涉及个人、组织的参与，也需要国家、区域层面的合作实践。因此，适应的策略也是多种多样（图4–19）。

从气候变化适应策略的技术方法层面主要可分为4类：工程措施、重点领域的新型技术方法、管理服务类举措以及基于自然的解决方法。其中基于自然的解决方法应优先考虑，这类方法通常是气候变化适应成本效益

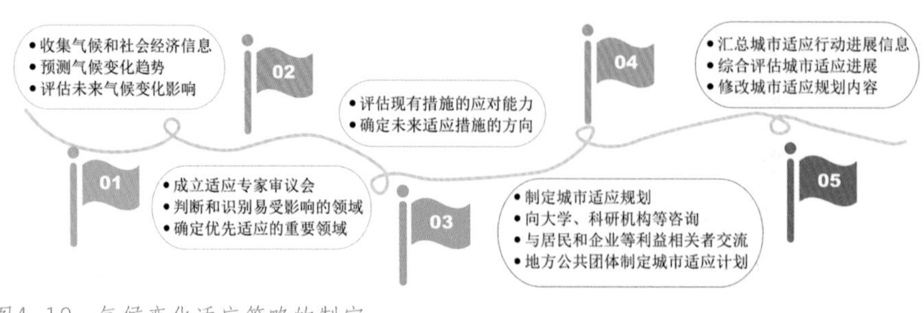

图4–19　气候变化适应策略的制定

最优的方法之一，而且这类方法还有助于吸收温室气体，储存更多的碳。具体措施包括种植树木，增加森林碳汇和涵养水土；恢复红树林，以抵御海岸带风暴潮；恢复沼泽和湿地；对退化地区进行生态保护和恢复等。

气候变化对不同的行业和区域带来的影响不同，需要针对具体问题采取相应的适应策略，即使是同样的行业，由于气候变化的影响程度不同，适应策略也是不同的。适应的策略应该是因地制宜、灵活多样的，且分层次制定和实施（图4-20）。

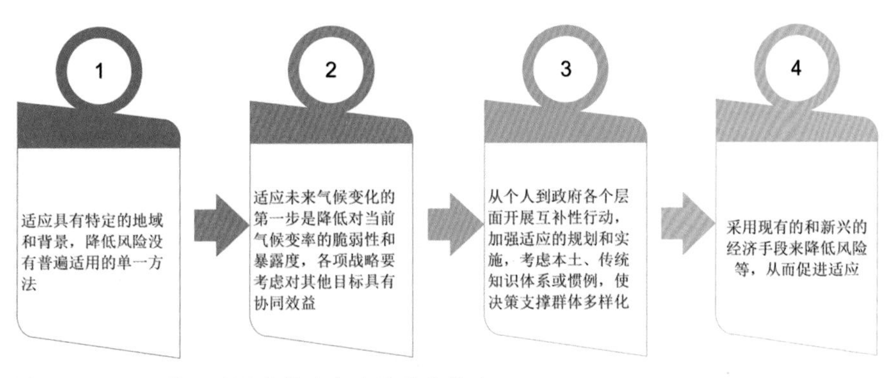

图4-20　IPCC 第五次评估报告中有效适应策略

考虑到减缓与适应之间以及不同适应响应之间存在显著的协同效益，并且注意到计划不周、过分强调短期结果或未能充分预见后果可能会导致适应效果不好。

农业的适应策略有：调整农业种植结构和布局，发展现代农业技术，推广更新农业管理措施，改善农业基础设施与条件，提高农业综合生产能力和防灾减灾水平等。

水资源的适应策略有：转变水资源管理思路，建设节水型社会；实施水资源保护，维护可再生能力；强化非常规水源利用，实现多种水源综合配置；加强基础设施建设，提高防洪抗旱及水资源调配能力；将气候变化纳入到水资源评价和规划范畴，加强防洪减灾、水资源利用和水资源管理技术研究等。

陆地生态系统的适应策略有：加强植树造林，提高森林覆盖率；科学经营管理森林，提高森林火灾、病虫害的预防和控制能力；合理利用草地资源，科学调整放牧方式和时间；推动湿地生态系统保护和恢复；提高荒漠生态系统的适应能力；系统监测生物多样性对气候变化响应，评估脆弱性等。

人群健康方面的适应策略有：建立和完善气候变化对人群健康影响的监测、预警系统；结合极端天气事件与人群健康监测预警网络，对发生的极端天气气候事件所致疾病进行实时监测、分析和评估，制定洪涝、干旱、台风等不同灾种自然灾害卫生应急工作方案；开展区域人群气象敏感性疾病专项调查，开展气候变化健康风险评估策略和技术研究；加强气候变化条件下媒介传播疾病的监测与防控，开展气候敏感区寄生虫病调查和处置，加强气候变化对寄生虫病传播风险影响评估研究等。

近海与海岸带的总体适应策略有：加强潮位观测，调整海平面升高的对策及海岸保护技术规范；研究海平面上升对海洋工程标准的影响，加高、加固海堤，增建护岸设施；建立近海和海岸带影响的预警系统、近海和海岸带环境与生态系统影响评估体系等。

第二篇 碳达峰、碳中和的行动基础

第五章 国际气候治理

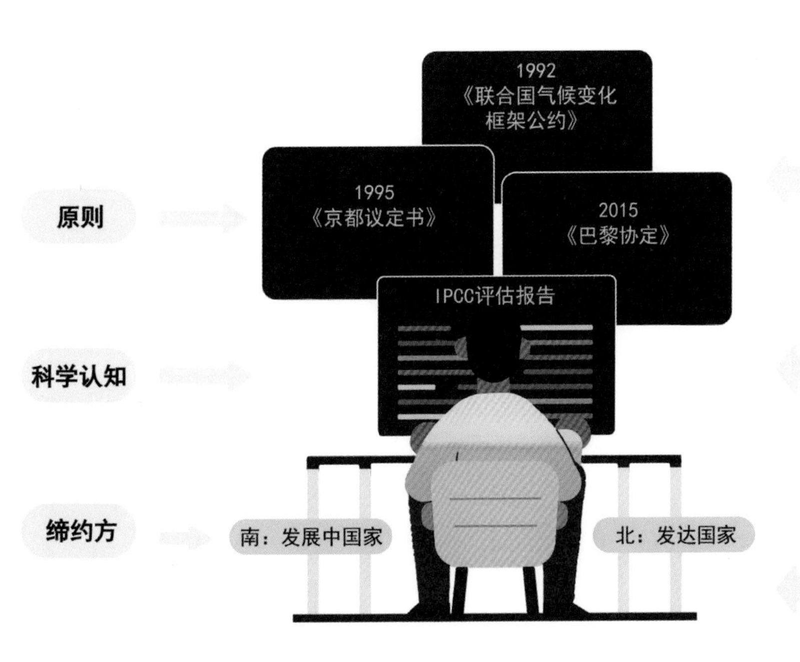

原则
科学认知
缔约方
1992
《联合国气候变化框架公约》
1995
《京都议定书》
2015
《巴黎协定》
IPCC评估报告
南：发展中国家
北：发达国家
政治机制
联合国气候峰会
千年发展目标治理
二十国集团
八国集团
等
行业机制
国际民航组织
国际海事组织
等
其他

从1979年世界气象组织（WMO）召开第一次世界气候变化大会呼吁保护全球气候，到1990年国际气候谈判拉开帷幕，人类应对气候变化进入了制度化、法律化的轨道。应对气候变化的国际合作机制，主要分为气候公约机制和气候公约外机制两大类，公约外机制包含了定期的、不定期的、国际的、区域性的、行业性的、专业性的多种机制。所有的这些机制因其不同的定位和功能，在应对气候变化国际合作中扮演了不同的角色和作用（图5-1）。

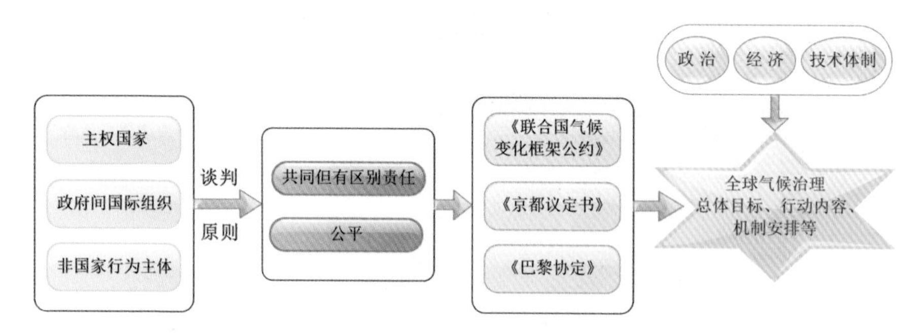

图5-1　世界气候变化谈判进程

第一节　国际气候治理主渠道

国际气候谈判历程与核心条约

全球气候治理的参与方包括主权国家政府、政府间国际组织和非国家行为主体等。主权国家政府是主要参与方和治理主体，在考虑本国诉求和发展情况的条件下，通过气候谈判参与全球气候治理；政府间国际组织的功能是协调各国利益，以《联合国气候变化框架公约》秘书处

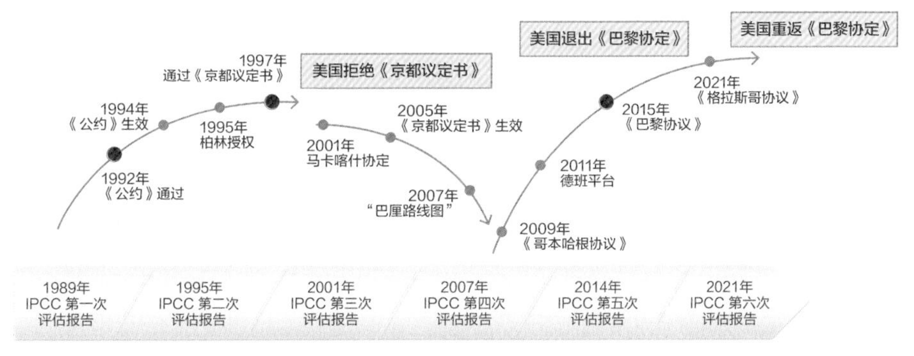

图5-2　国际气候谈判的发展历程

（UNFCCC）为核心，同时也包括政府间气候变化专门委员会、联合国环境署、清洁能源部长会议等涉及相关组织；非国家行为主体包括与应对气候变化相关的非政府国际组织、社会团体、企业以及个体等。非国家行为主体们一方面积极参与国际谈判等气候治理活动，影响政府决策；另一方面为全球气候治理体系中负责实施行动的主要承担者（图5-2）。

《联合国气候变化框架公约》的建立

随着气候极端事件的增多，科学研究对气候变化问题的逐渐深入，国际社会越来越深刻地认识到由于人类活动所产生的温室气体排放已经威胁到人类社会的安全与发展。温室气体排放是局域性的，但排放后果的承担却是全球性的。为了有效应对气候变化问题，国际社会于20世纪70年代开始，试图通过国际协作形式应对全球气候变化问题。通过多方努力，最终在1992年的联合国环境与发展大会上通过了《联合国气候变化框架公约》（以下简称《公约》），并由与会的154个国家以及欧洲共同体的元首或高级代表共同签署，1994年3月正式生效，奠定了世界各国紧密合作应对气候变化的国际制度基础。截至2016年6月，共有197个缔约国加入了《公约》。

小知识：《联合国气候变化框架公约》核心内容

（一）确立应对气候变化的最终目标。《公约》第2条规定："本公约以及缔约方会议可能通过的任何法律文书的最终目标是：将大气温室气体的浓度稳定在防止气候系统受到危险的人为干扰的水平上。这一水平应当在足以使生态系统能够可持续进行的时间范围内实现。"

（二）确立国际合作应对气候变化的基本原则，主要包括"共同但有区别的责任"原则、公平原则、各自能力原则和可持续发展原则等。

（三）明确发达国家应承担率先减排和向发展中国家提供资金技术支持的义务。《公约》附件一国家缔约方（发达国家和经济转轨国家）应率先减排。附件二国家（发达国家）应向发展中国家提供资金和技术，帮助发展中国家应对气候变化。

（四）承认发展中国家有消除贫困、发展经济的优先需要。《公约》承认发展中国家的人均排放仍相对较低，因此在全球排放中所占的份额将增加，经济和社会发展以及消除贫困是发展中国家首要和压倒一切的优先任务。

图5-3为《公约》下的相关机构按其职能的分类。

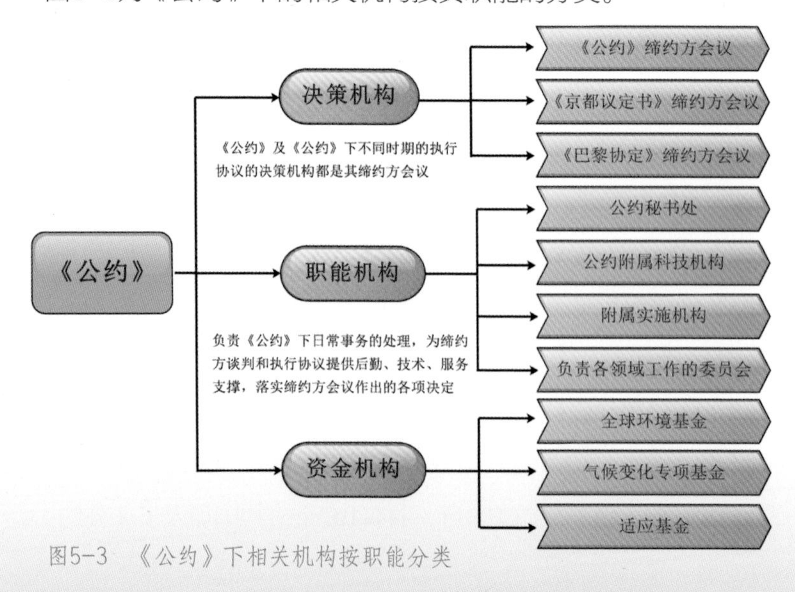

图5-3 《公约》下相关机构按职能分类

《京都议定书》

由于《公约》只是一般性地确定了温室气体减排目标，没有法律约束力，属于软义务，无法实现《公约》的最终目标，因此，第一次《公约》缔约方大会（1995年召开）决定进行谈判以达成一个有法律约束力的议定书。并于1997年在日本京都召开的《公约》第三次缔约方大会达成了具有里程碑意义的《〈联合国气候变化框架公约〉京都议定书》（以下简称《京都议定书》）。《京都议定书》首次为附件一国家（发达国家与经济转轨国家）规定了具有法律约束力的定量减排目标，并引入排放贸易、联合履约和清洁发展机制3个灵活机制。

1995—2005年是《京都议定书》的谈判、签署、生效阶段。《京都议定书》作为《公约》第一个执行协议从谈判到生效时间较长，期间经历美国签约但拒绝批约加入、俄罗斯等国在排放配额上高要价等波折，最终于2005年正式生效，首次明确了2008—2012年《公约》下各方承担的阶段性减排任务和目标。《京都议定书》将附件一国家区分为发达国家（附件二）和经济转轨国家，由此产生发达国家、发展中国家和经济转轨国家三大阵营。《京都议定书》的第一阶段目标是附件二所列缔约国参照1990年的基准至少降低5%的温室气体排放量。

2007—2012年，谈判确立了2013—2020年国际气候制度。2007年印度尼西亚巴厘气候变化大会上通过了“巴厘路线图”，开启了后《京都议定书》国际气候制度谈判进程，覆盖执行期为2013—2020年。根据“巴厘路线图”授权，应在2009年缔约方大会结束谈判，但当年大会未能全体通过《哥本哈根协议》，而是在2010年坎昆世界气候变化大会上，将《哥本哈根协议》主要共识写入2010年大会通过的《坎昆协议》中。其后两年，通过缔约方大会“决定”的形式，逐步明确了各方减排责任和行动目标，从而确立了2012年后国际气候制度。《哥本哈根协议》《坎昆协议》

等不再区分附件一和非附件一国家，并且由于欧盟的东扩，经济转轨国家的界定也基本取消。2012年的多哈气候变化大会通过了2013年开始实施《京都议定书》第二承诺期，即《〈京都议定书〉多哈修正案》。《京都议定书》的第二个承诺期的目标是附件二所列缔约国参照1990年的基准自2013—2020年至少降低18%的温室气体排放量。美国从未加入，加拿大、日本、新西兰、俄罗斯则退出了《京都议定书》第二期。2020年10月2日，随着牙买加和尼日利亚批准《〈京都议定书〉多哈修正案》后，该法案终于满足了必须获得144个签字国批准的生效门槛。《京都议定书》确立第二个承诺期在其后90天生效。

《巴黎协定》

《巴黎协定》是《公约》下现阶段（2020—2030年）的执行协议。该协定于2015年12月在《公约》缔约方第二十一次会议期间达成，2016年11月4日正式生效。《巴黎协定》是联合国框架内、195个国家缔约方代表通过多次谈判，最终达成的国际气候协议，内容涵盖2020年后的温室气体减排、气候变化适应以及国际资金机制。它是继1992年达成的《公约》、1997年达成的《京都议定书》之后，国际社会应对气候变化实现人类可持续发展目标的第三个里程碑式的国际条约。《巴黎协定》的长远目标是将全球相对于工业革命前温度水平的平均气温升高控制在远低于2℃，并努力将升温控制在1.5℃以内，从而大幅度降低气候变化的风险和危害。《巴黎协定》的正文是框架性的，具体实施细则还需要进一步谈判确定。《巴黎协定》是在变化的国际经济政治格局下，为实现气候公约目标而缔结的针对2020年后国际气候制度的法律文件。2017年特朗普政府上台后，美国正式宣布退出《巴黎协定》。2021年，随着拜登政府的执政，美国再次回到《巴黎协定》中。

主要谈判议题

减缓气候变化

根据《公约》第4.2（a）条的定义“通过限制其人为的温室气体排放以及保护和增强其温室气体库和汇，减缓气候变化”，减缓指“通过人为干预温室气体排放，减少源、增加汇”，温室气体指“大气中那些吸收和重新放出红外辐射的自然的和人为的气态成分”。受《京都议定书》管控的温室气体有6种，《〈京都议定书〉多哈修正案》将受管控温室气体扩大至7种。能产生温室效应的不限于温室气体，还包括大气中的颗粒物和气溶胶。减少温室气体排放是减缓的主要途径。

减排问题涉及各国的切身利益，特别是对发展中国家而言，减缓是关系到生存和发展的重大问题。减缓不仅面临紧迫性的排放减少数量要求，还有公平的诉求，是气候变化多边谈判中最重要的领域之一。与减缓密切相关的几个议题首先包括减多少的目标问题，具体又有长期目标、中期目标、短期目标，全球目标、区域目标、国家目标，目标的形式是排放量、浓度还是温度等。此外还有涉及基准年份等国际条约法律约束范围的问题、谁来减的责任分担问题等，以上都是多边谈判中各方关注的焦点（表5-1）。

表5-1 不同国家地区的减排目标

欧盟和小岛屿国家联盟	·紧约束的国际减排模式，希望按照IPCC科学评估报告结论，设定具有雄心的全球减排目标，推动世界各国实施大幅度温室气体减排，要求各国尽早达到排放峰值，实施国家排放总量减排目标，并以国际、国内法的形式，保障目标实现
美国等伞形国家	·各国基于自身条件，提出减排目标，建立相关机构对目标实施情况开展审评，督促实现减排目标
发展中国家	·更能接受各国根据自身条件自己提出减排目标或减排行动目标的方案，并且重申各国减排目标应遵循公约原则，区分发达和发展中国家的历史责任，确定不同类型和程度的减排目标，以保障发展中国家未来发展空间

《巴黎协定》虽然达成了2℃温控目标以及近零排放目标，但各方在减排模式、减排目标、减排责任上的分歧并没有消除。以欧盟、小岛屿国家联盟为代表的主张全球积极减排的国家和国家集团，还将继续利用透明度、全球盘点等《巴黎协定》下的机制，以及公约外的一些政治进程，推动各方提出体现雄心和力度的减排目标。而全球的主要排放国家，也将根据自身经济社会发展、科技进步的趋势以及在环境问题上政府和民间的认知水平等，动态调整在减排模式、目标、责任等问题上的立场。短期内，2023年举行的全球盘点，将是各方表达立场并开展博弈的平台，是否提高减排目标、如何提高目标将是各方博弈的焦点。

适应气候变化

《公约》中定义的适应指"面对气候变化负面影响而采取的应对行动"。《巴黎协定》中提出了"提高适应能力和适应恢复力"的全球适应气候变化目标。中国《国家适应气候变化战略》中指出，适应是"通过加强管理和调整人类活动，充分利用有利因素，减轻气候变化对自然生态系统和社会经济系统的不利影响"。适应气候变化的议题与减缓气候变化具有同等重要的地位，甚至有一种说法认为减缓是长期的适应。与"减缓"相比，面对短时间内无法改变的气候变化现实，加强气候韧性尤为重要，这凸显了"适应"措施的重要性。IPCC在2001年发布的第三次评估报告中提出"适应是补充减缓气候变化努力的一个必要战略"，认为国际社会应当"总结过去适应气候变化或极端气候事件的经验，制定适应未来气候变化的适应战略"。但是在气候谈判中，适应议题往往被放在减缓之后，重视的程度还不够，表现出"重减缓、轻适应"的倾向，这主要是受发达国家只重视减缓议题的影响。

1995年《公约》第一次缔约方会议初次对"适应"的资金机制有所涉

及，但在之后的几次缔约方会议上，“适应”问题都没有实质性进展。随着IPCC对气候变暖的归因、响应等方面的专业化认识逐渐加深，国际社会对“减缓”和“适应”二者相对关系的认知有所改进，具体表现为广大发展中国家对“适应”议题更为关注，并要求在气候谈判中要平衡“减缓”和“适应”的份量。2010年第十六次缔约方会议的坎昆会议达成了《坎昆适应框架》，适应议题逐渐增加其在谈判中的比重。2011年第十七次缔约方会议的德班会议成立了适应委员会，并在绿色气候资金的启动伊始就要求减缓和适应在资金使用和项目分配上要各占50%。2015年第二十一次缔约方会议的巴黎会议确立了全球长期适应目标、适应信息通报等一系列适应领域的框架性、制度性规定（表5-2）。

表5-2　发达国家与发展中国家对适应的认知

发达国家	·对适应问题的重视程度远低于减缓问题，希望界定适应政策与行动是区域或局部的，而非全球行动 ·适应是对历史排放造成的气候变暖的适应，适应问题很容易与历史排放责任挂钩，相应的补偿或者赔偿机制也应该由发达国家主要出资 ·适应气候变化属于区域性问题，而非全球性问题，各国应该对各自的适应问题负责，也因此不能要求适应领域的全球性经济补偿
发展中国家	·将适应议题作为气候治理中的重要关切 ·气候脆弱性更为凸显，受影响人群更多 ·全球气候变化对基础设施建设水平低、抗灾能力差的发展中国家影响更大。极端天气、气温上升、洪水暴雨等极端气候事件给农业、城市基础设施、沿海地区带来了适应气候变化的巨大挑战

实施手段

实施手段指资金、技术和能力建设等支持实现全球气候变化减缓和适应的议题，也是《公约》及其他条约下谈判的重要内容。

资金议题：《公约》第4.3条规定发达国家要向发展中国家提供新的、额外的资金支持，这就是气候谈判中所讲的资金问题。《巴黎协定》第二条特别提出了气候资金发展的长期目标，即“使资金流动符合温室气体低排放和气候适应型发展的路径”。《公约》设置了专门的资金机制来解决履行《公约》将遇到的资金问题，这是《联合国气候变化框架公约》的一个特色，很多环境公约都没设立专门的资金机制，仅仅是依靠现存的多边环境基金来开展相关工作。

《公约》最初阶段确定的资金机制指定全球环境基金作为资金机制运营实体，同时规定气候融资也可通过其他双边、多边渠道拨付，资金来源和属性主要是各国财政支出的“赠款或其他优惠”资金。全球环境基金在很长时间内承担了气候变化领域资金运行和管理的支持工作。之后在《公约》框架和授权下，各缔约方又陆续建立了一系列专属气候领域的资金机制，包括气候变化特别基金、最不发达国家基金、适应基金以及绿色气候基金等。资金机制的建立和运行在很大程度上鼓励了发展中国家参与应对气候变化多边合作。《京都议定书》下的清洁发展机制也在《京都议定书》第一承诺期为发展中国家提供了很有力的支持，极大地提高了发展中国家应对气候变化的积极性。

资金问题各方争议主要在谁来出资、出资多少、如何分配上。资金来源包含两个主要问题，是发达国家出资还是所有国家共同出资；是从各国政府的公共资金出资还是通过市场融资（表5-3）。

曾经有方案提出，发达国家应从其财政收入中拿出1%左右作为全球应对气候变化的“公共资金”。除个别北欧国家外，其他发达国家提供的资金援助要达到1%还有不小的距离。从资金规模来看，发展中国家根据自身应对气候变化的需求，提出国际社会援助的资金需求。据测算，发展中国家应对气候变化的资金需求每年为几千亿到上万亿，远高出《哥本哈

表5-3 发达国家和发展中国家在资金问题上的不同观点

发达国家	·不区分发达国家和发展中国家，所有国家共同出资 ·利用市场途径解决资金问题
发展中国家	·发达国家为气候资金机制中的主要出资方 ·发达国家提供的资金应该是以公共资金为主 ·公共资金还应满足新的、额外的要求，反对将其他资金援助包装为气候资金

根协议》中提出的1000亿美元的目标，而且这1000亿的目标并非公共资金，能实际兑现的比例也并不清晰。显然，资金规模上发达国家和发展中国家还存在较大差距，但无论是《公约》还是《巴黎协定》，在资金规模上并没有对发达国家施加强制要求，尤其是《巴黎协定》，各国提供的资金援助也是以自愿方式表达，从目前已经到位的资金来看，即便是1000亿也有很大距离。从用资的角度来看，谁来用、用在哪里也是各方争议的焦点。这里既有发达国家和发展中国家的博弈，也有发展中国家内部的分配和博弈，发达国家也在利用发展中国家在该问题上的分歧，与部分国家实现一些谈判诉求的交易。

技术：气候变化技术主要分为减缓和适应两大类。减缓技术主要涉及可再生能源、交通、建筑、钢铁、水泥等领域的低碳技术，适应技术主要涉及水资源、农业、防灾减灾、城市基础设施、海岸带可持续发展和建设等领域的气候韧性技术。技术议题中的知识产权问题是发展中国家和发达国家观点最为对立、分歧最为严重的关键节点（表5-4）。发达国家在知识产权问题上的顾虑，实际还是处于国家利益考虑，保护其气候友好型产业的全链条竞争力。在发达国家关于知识产权保护问题上的强硬立场下，发展中国家做了很多种尝试和妥协。在承认知识产权保护的前提下，发达国家可以出资使发展中国家能够购买所需要的知识产权使用权，从而获得

表5-4 发达国家和发展中国家在技术问题上的不同观点

发达国家	·知识产权保护问题超出了《公约》管辖和讨论范围，不应在气候谈判中进行实质交流 ·处于国家保护主义考虑，保护其气候友好型产业的全链条竞争力
发展中国家	·知识产权保护是阻碍《公约》下技术转移和转让顺利进展的核心问题，应该寻求开放知识产权的方法和途径 ·环境友好型技术的发明本身就是带有正外部性的，在其研发和推广过程中往往少不了政府的资金支持；在其实际使用过程中同样会产生正的环境收益，也有公益属性

技术转移；发达国家也可以统一购买发展中国家技术需求清单上的知识产权，提供给发展中国家使用，完成直接的技术转让。但是发达国家在技术问题上很坚持，妥协和退让的空间很小，以至于谈判在很长时间内都没有实质性的进展（表5-5）。

表5-5 《公约》《京都议定书》《巴黎协定》在技术方面的要求

《公约》	·发达国家要“促进、帮助、支持发展中国家获得环境友好型技术转移和转让”，以使他们能够履行《公约》的要求
《京都议定书》	·对技术转移和转让作了更为具体的规定，在《巴厘行动计划》之后技术转移议题成为国际气候谈判中的重要议题之一，一直延续到《巴黎协定》及其实施细则的谈判
《巴黎协定》	·“缔约方共有一个长期愿景，即必须充分落实技术开发和转让，以改善对气候变化的抵御力和减少温室气体排放” ·“发达国家应向发展中国家缔约方提供资金，以支持技术周期不同阶段的开发和转让合作”，首次将资金和技术联系起来，算是技术议题谈判的一项突破

能力建设：《公约》第4.7条明确指出“发展中国家缔约方能在多大程度上有效履行其在本公约下的承诺，将取决于发达国家缔约方对其在本《公约》下所承担的有关资金和技术转让的承诺的有效履行，并将充分考

虑到经济和社会发展及消除贫困是发展中国家缔约方的首要和压倒一切的优先事项”。因此，1994年《公约》签署生效后，广大发展中国家强烈要求发达国家提供支持，加强发展中国家的能力建设。尽管能力建设在应对气候变化行动中具有重要意义，但是其在最初的《公约》谈判中并不是单独的议题。在2009年达成的《哥本哈根协议》中表述了要求发达国家提供充足的、可预见的、可持续的资金、技术和能力建设支持的内容。此后，在广大发展中国家的强烈要求和普遍关注下，在由《巴厘行动计划》确定成立的“公约长期合作行动特设工作组”中将能力建设列为独立议题。

为支持发展中国家提高《公约》履约能力，2001年第七次缔约方会议通过了《马拉喀什协议》，确定了发展中国家能力建设框架，为发展中国家的能力建设活动及后续谈判提供了较明确的指导。2005年，《京都议定书》缔约方大会决定，发展中国家的能力建设框架在《京都议定书》的实施中同样适用。2012年能力建设议题下成立了德班论坛，用以信息交流。2015年巴黎气候变化大会上，能力建设议题建立起第一个国际机制巴黎能力建设委员会。发达国家长期认为能力建设议题在其他议题中均有涉及，不应成为独立议题，而发展中国家应对气候变化能力有限、需求强烈。总体来看，由于能力建设议题没有自己的资金窗口，所以活动零散，发展缓慢，与发展中国家所需支持仍有很大的差距和不足。

谈判基本格局和主要集团的演化

国际气候谈判的基本格局已从20世纪90年代的以发展中国家为主的“南”和以发达国家为主的“北”两大阵营演化为当前的“南北交织、南中泛北、北内分化、南北连绵波谱化”的局面。所谓“南北交织”，指南北阵营成员在地缘政治、经济关系和气候治理上存在利益重叠交叉。所谓

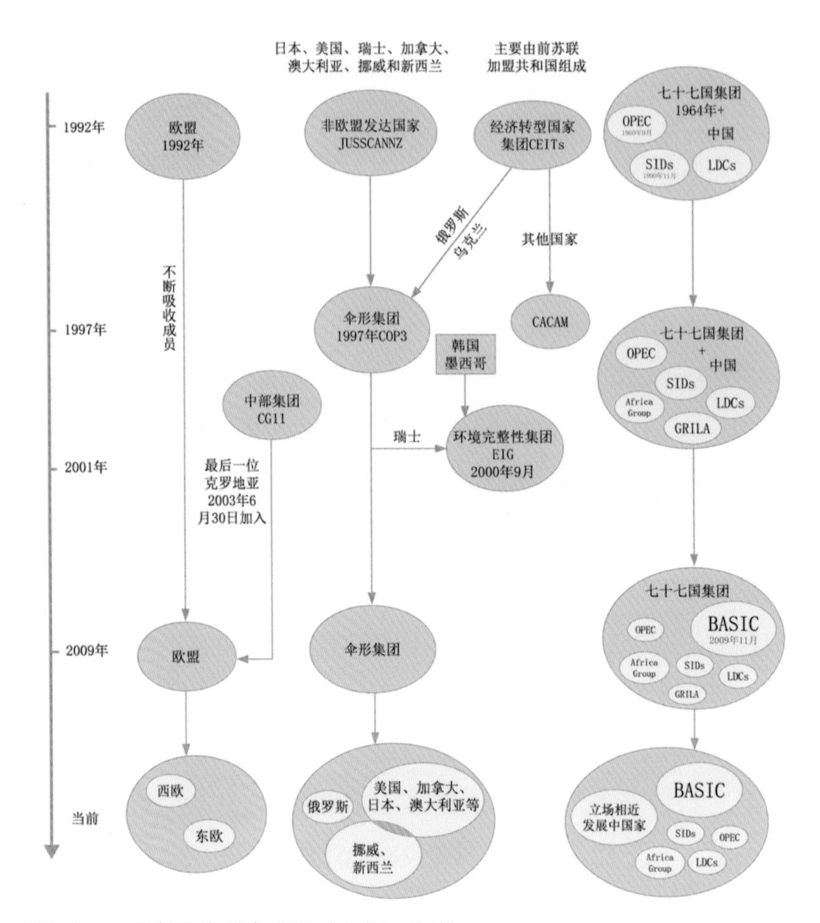

图5-4　公约气候谈判中不同利益集团的演化

注：OPEC为石油输出国组织；CACAM包括中亚、高加索、阿尔巴尼亚和摩尔多瓦国家集团；BASIC（基础四国）包括巴西、南非、中国、印度；LMDC为立场相近发展中国家；GRILA为拉美国家倡议集团；ALBA为美洲人民玻利瓦尔联盟；Africa Group为非洲集团；LDCs为最不发达国家集团；SIDs为小岛屿国家联盟

“南中泛北”，主要指一些南方国家成为发达国家俱乐部成员，一些南方国家与北方国家表现出共同或相近的利益诉求，另有一些南方国家成长为有别于纯南方国家的新兴经济体，仍然属于南方阵营，但有别于欠发达国家。所谓的“北内分化”，是指北方国家内部出现不同的有着各自利益诉求的集团，最典型的是伞形集团和欧盟，而且这些集团内部也有分化。例如，加入欧盟的原经济转轨国家波兰和罗马尼亚等，与原欧盟15国在气

候政策的立场上有较大的分歧。更重要的是，北方国家对全球经济的控制力相对下降，新兴经济体的地位得到较大幅度提升，欠发达国家的地位相对持恒。总体来看，当前两大阵营、三大板块、五类经济体仍是世界主要格局，即南北两大阵营依稀存在，发达国家、新兴国家和欠发达国家三大板块大体可辨，五大类别国家包括人口增长较快的发达经济体、人口趋稳或下降的发达经济体、人口趋稳的新兴经济体、人口快速增长的新兴经济体、以低收入为特征的欠发达经济体。这些国家将来可能不断分化重组，但这样的总体格局将在一个相当长的时期内存在。

国际气候谈判中的三股力量主要为欧盟、伞形国家（美、加、澳、日等）、G77+中国（发展中国家）（图5–4）。伞形国家集团名称来源与气候治理密切相关，指除欧盟以外的其他发达国家，包括美国、日本、加拿大、澳大利亚、新西兰、挪威、俄罗斯和乌克兰等国组成，其地理分布好似一把“伞”，故得此名。欧盟和伞形集团所代表的发达国家强调减缓，弱化适应，并要求与发展中国家共同减排；由发展中国家集团演化而来的G77+中国集团主要代表发展中国家立场，目前由134个发展中国家和中国共同组成。G77+中国集团强调适应，要求发达国家率先减排，并为发展中国家适应气候变化以及应对气候变化的威胁提供资金和技术支持。谈判诉求是历史责任、发展空间、资金与技术转让。谈判进程中，不同集团阵营也在不停演化，如G77+中国集团又包括非洲集团、小岛屿国家联盟、最不发达国家集团、基础四国等。欧盟作为一个整体，一直积极参与气候谈判并采取气候行动。伞形国家集团的主要参与方为美国和俄罗斯，美国的气候行动与政策易受国家执政党影响，国家层面的政策存在波动和不连续性，地方政府、城市和企业一直积极采取气候行动；俄罗斯认为气候变暖可能有利于其经济发展，对于全球气候治理的态度不是很积极。小岛屿国家联盟易受全球气候变暖导致海平面上升所带来的生存危险，特别关注气候变化，希望获得资金支持。新兴经济体发展中国家是在《巴黎协定》谈判进程中形成的“立场相近的发展中国家集团”，这些国家处于经济社会快速发展期，对碳排放具有刚性需求，同时也希望通过国际资金和技术合作，实现低碳转型发展。

第二节　气候变化科学认知和国际治理

气候变化的国际治理进程与人类对气候变化的科学认知水平密不可分。IPCC作为政府间气候变化科学工作机构被授权开展气候变化的关键认知进行阶段性综合审议并提出建议的授权。IPCC需要审议的重点内容包括：气候和气候变化科学知识的现状；气候变化，包括全球变暖的社会、经济影响的研究和计划；对推迟、限制或减缓气候变化影响可能采取的对策；确定和加强有关气候问题的现有国际法规；将来可能列入国际气候公约的内容。

1990年，IPCC发布第一次评估报告，以综合、客观、开放和透明的方式评估了一系列与气候变化相关的科学问题，说明了导致气候变化的人为原因，即发达国家近200年工业化发展大量消耗化石能源的结果，也就明确了主要的责任者，从而首次将气候问题提到政治高度上，促使各国开始就全球变暖问题进行谈判。之后，IPCC组织完成了1992年和1994年补充报告，为《公约》的谈判过程提供了最新的科学和社会经济信息，进一步推动了1992年《公约》的签署和1994年《公约》的生效。

1995年，IPCC发布第二次评估报告，强调了大气中温室气体含量在继续增加，如果不对温室气体排放加以限制，到2100年全球气温将上升1.0～3.5℃，为保证大气温室气体浓度的稳定要求全球需要大量减少排放。由此，提出了采用碳市场机制促进全球减缓合作的设想，进一步为系统阐述《公约》的最终目标提供了坚实的科学依据，推动了《京都议定书》的通过。

2001年，IPCC第三次评估报告完成，强调了气候变化的速度超过第二次评估报告的预测，气候变化不可避免。并且指出，过去的100多年，尤其是近50年来，人为温室气体排放在大气中的浓度超出了过去几十万年间的任何时间；近50年观测到的大部分增暖可能归因于人类活动造成的温室气体浓度上升（66%~90%的可能性）。此外，报告还检验了一个新的重要话题，即气候变化与可持续发展之间的联系。第三次评估报告认为气候变化将从经济、社会和环境3个方面对可持续发展产生重大影响，同时也将影响贫困和公平等重要议题。第三次评估报告试图回答一些重要问题，诸如：发展模式将对未来气候变化产生怎样的影响？适应和减缓气候变化将怎样影响未来的可持续发展前景？气候变化的响应对策如何整合到可持续发展战略中去？第三次评估报告的这些结论和成果，促进《公约》谈判中增加了“气候变化的影响、脆弱性和适应工作所涉及的科学、技术、社会、经济方面内容”以及“减缓措施所涉及的科学、技术、社会、经济方面内容”两个新的常设议题。

2007年，IPCC发布第四次评估报告，报告明确指出，全球变暖是不争的事实，近半个世纪以来的气候变化“很可能”是人类活动所致。报告更新了影响和适应的研究结论，指出人为增暖使许多自然和生物系统发生了显著变化。强调在未来几十年内，需要采取更广泛的适应措施降低气候变化风险。如不采取积极有效的措施，全球温室气体排放量将继续增长。从长远看，越早采取有效的减缓措施，经济成本越低，减缓效果越好。同年12月，联合国气候变化大会在印度尼西亚巴厘岛举行。该次大会的两项最主要任务：一是继续谈判发达国家2012年后的减排义务；二是开始谈判包括发展中国家、发达国家共同参与的长期减排行动。经过艰难谈判，大会最终形成“巴厘路线图”，为各方启动谈判，并在2009年之前达成新的全球变暖协定铺平了道路，为《京都议定书》第二承诺期2012年结束后有关减排温室气体的国际谈判奠定了基础。第四次评估报告对所有国家共同但有区别地量化减排设想的提出奠定了科学基础。

2013—2014年，IPCC第五次评估报告主要在下述6个方面获得了进展和新的评估结论。一是给出了更多的观测事实和证据，证明全球变暖。第五次评估报告从全球平均地表温度、海洋表面气温、对流层以上高空温度、海平面变化、冰川面积变化等多种观测数据证明了全球变暖的趋势。二是进一步证实了人类活动和全球变暖的因果关系。三是更明确提出如果全球平均温度超过2℃或以上将会带来更大的风险。四是在影响和适应的评估中引入了气候风险管理的理念。五是指出了减缓气候变化、减少温室气体排放的紧迫性，进一步明确了减排重点领域，并为各行各业减少温室气体排放提供了有关路径、技术的建议。六是回归科学评估精神，更为科学客观，针对性更强、应用价值更大。报告进一步明确了全球气候变暖的事实以及人类活动对气候系统的显著影响，为巴黎气候变化大会顺利达成《巴黎协定》奠定了科学基础。《巴黎协定》最终将《公约》提出的定性长期目标进行了量化表述，2℃的温控目标被以法律文件的形式写入了全球治理的进程中。

2021—2022年，IPCC第六次评估的各报告相继开始发布。2021年8月9日，IPCC第六次评估报告第一工作组报告《气候变化2021：自然科学基础》正式发布。报告再次确认，人类活动影响已造成大气、海洋和陆地变暖是毋庸置疑的。未来几十年内如果不在全球范围内进行二氧化碳和其他温室气体的大幅减排，全球升温将在本世纪内超过1.5℃和2℃。在2021年10—11月的格拉斯哥气候变化大会上，IPCC科学报告再次成为弥合政治分歧的工具。大会达成的《格拉斯哥气候协议》强调了科学认知对有效应对气候变化行动和政策制定的重要性，并直接引用了IPCC报告关于实现2℃和1.5℃温升水平的相关结论。

IPCC历次评估报告主要结论对联合国气候谈判进程的影响体现了应对气候变化科学与政治的紧密性联系。首先，IPCC的科学研究为国家间气候谈判的政治和利益博弈提供问题维度和争辩领域，即IPCC的评估报告被作为国际气候谈判中利益角逐的前提条件。其次，IPCC研究推动全球气候治理的共识形成并为不断演进的国际气候治理进程提供科学支撑，同时联合国气候谈判从需求侧为气候变化科学研究画了重点。第三，在气候谈判中，IPCC的研究成果无法保持完全独立性，一定程度上会受到政治博弈的影响。虽然IPCC一直以独立的、科学权威的姿态出现，但由于其先天的政府背景以及为应对气候变化政策制定和国际谈判提供科学依据的目的，使IPCC的各种评估以及相关活动不可避免地打上政治烙印，成为各国和各利益集团体现各自利益诉求、从科学上赢得国际气候外交主动权的重要舞台。

第三节 《公约》外机制及作用

为了推动《公约》谈判，缔约方在《公约》体系外也开展了多种活动与实践，这些合作机制体现了对《公约》机制的补充，为增进缔约方相互了解，推动形成共识起到了积极作用。这些机制从性质上来看，主要可以分为政治性、技术性和经济激励性的3种类型。

第一，国际政治属性的《公约》外机制，主要包括联合国气候峰会、千年发展目标论坛、经济大国能源与气候论坛、二十国集团、八国集团、亚太经合组织会议等。这些机制的共同特点是由政府首脑或者高级别官员参与磋商，就一些重大问题达成政治共识，但一般不就具体技术细节进行讨论。联合国气候峰会等政治性的《公约》外机制，通常主要在全局性、长期性、政治性的问题上发挥重要作用，因为参会级别高，尤其是首脑峰会，往往能解决一些长期困扰《公约》下技术组谈判的重大问题，从而推进《公约》谈判进程。

第二，行业或部门技术性的《公约》外机制，主要包括国际民用航空组织、国际海事组织以及联合国秘书长气候变化融资高级咨询组等合作机制。这些机制，针对《公约》谈判中的一些行业、部门或具体问题开展专题研究和讨论，并将讨论结果和建议反馈《公约》，以促进《公约》下相关问题的谈判进程。这些机制的局限性在于，首先气候变化并非这些机构或机制的主营业务，其关注的角度和目的可能与《公约》不同；其次，不同的机制也有各自的议事规则和指导原则，不同机构所遵行的规则和原则与《公约》也可能存在差异，从而存在认识上的不匹配。

第三，经济激励/约束性的《公约》外机制，包括与气候变化相关的贸易机制，与生产活动和国内外市场拓展相关的生产标准制定等《公约》外磋商机制。经济激励措施在《公约》谈判中属于辅助性的谈判议题，大部分时间谈判的并非《公约》的核心关注问题，但这些问题与实体经济运行以及相关行业、领域的发展利益紧密相关。贸易机制、标准制定机制等这些机制本身已经有很长时间的积累和发展，在气候变化问题形成国际治理机制之前，就已经存在；但在气候变化治理机制产生之后，各种机制之间存在边界模糊、原则差异等问题，因此这些机制对气候变化问题的讨论磋商不仅包含技术性问题，也包含政治性、原则性问题。

第六章 主要国家集团应对气候变化行动

为保证气候变化在一定时间段内不威胁生态系统、粮食生产、经济社会的可持续发展，将大气中温室气体的浓度稳定在防止气候系统受到危险的人为干扰的水平上，必须通过减缓气候变化的政策和措施来控制或减少温室气体的排放。

第一节 全球碳排放

碳排放具体涉及国家碳排放总量、国家累积碳排放、人均碳排放、人均历史累积碳排放等概念。20世纪50年代起，二氧化碳排放量开始进入快速增长时期。20世纪60年代，全球四分之三的碳排放来自于欧洲和北美地区。2008—2017年，全球碳排放增量主要集中在东亚和南亚。与此同时，二氧化碳排放量的增长速率曾有所放缓，年均增长率由20世纪60年代的4.5%，逐步下降至20世纪90年代的1.0%。进入21世纪以来，中国和印度等发展中国家的经济快速发展，推动了能源消费的快速增长，全球二氧化碳排放的增长速率开始提高。2000—2010年二氧化碳排放量年均增长率上升至3.2%。从2008年开始，排放的增长速率开始逐年下降至平均每年1.5%（截至2017年），其中在2014—2016年经历了3年无增长或低增长时期（2015年和2016年分别仅为0.0%和0.4%）。受全球能源需求增长的影响，2017年和2018年全球二氧化碳排放量分别增加了1.3%和1.7%（图6–1）。

美国曾是全球年二氧化碳排放量最大的国家。1970—2018年美国的累积碳排放量高达2563亿吨二氧化碳，相比中国同期的累积碳排放量高20%。自工业革命以来（1751年至今），美国累积碳排放量约是中国累积碳排放量的2倍。作为累积碳排放最大的国家，是造成全球温室气体浓度上升的主要责任国之一，在碳减排和减缓全球变暖方面有着更大的责任。尽管进入21世纪，美国的碳排放量相对稳定甚至呈波动下降的趋势，降至世界上第二大二氧化碳排放国，但是，美国的人均二氧化碳排放量一直远高于其他地区的人均排放量。

在欧洲各国中，德国、英国、意大利、法国和西班牙位于全球碳排放总量的前20位，欧盟也是世界上第三大排放体。英国最早开启工业化进程，在工业革命初期曾是全球碳排放量最大的国家。然而，随着煤炭消费比例在一次能源消费中占比逐渐降低，英国的碳排放总量逐年下降。尽管欧盟的碳排放总量总体上呈下降趋势，但自2014年以来欧盟的排放量略有上升，并且欧盟各国的人均二氧化碳排放量仍高于世界平均水平。

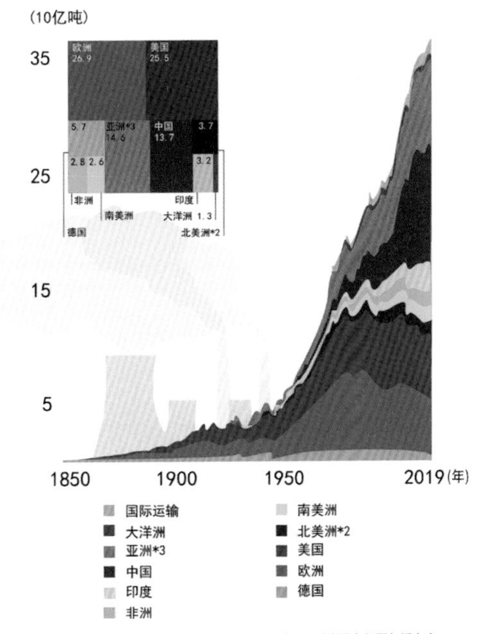

图6-1　1850—2019年主要国家二氧化碳排放量（化石能源燃烧和工业生产过程排放）
数据来源：ourworldindata.org

由于主要温室气体二氧化碳在大气中存在的时间长达100~200年，历史累积排放是衡量各国碳排放的重要指标。由图6-1可见，全球大气中现存人为排放的二氧化碳，欧盟和美国仍是最重要的排放集团和国家。

第二节 主要国家集团的应对气候变化行动

欧盟

欧盟是一个区域一体化组织，2020年1月30日英国正式脱欧后，目前有27个成员。欧盟成员作为一个整体参与气候谈判，在国际气候谈判和行动中，一直比较积极。欧盟的排放贸易体系和内部一系列能源、气候政策，有效促进减排。欧盟超额实现其到2020年，在1990年排放水平基础上减排20%的目标。对于今后的气候行动，欧盟推出了绿色协议，目标是进一步提高欧盟的2030年和2050年减排目标，并使欧盟率先实现零碳经济，将减排和环保技术打造成欧盟新的经济增长点（图6-2）。同时，欧盟在减排领域，也存在成员国立场不一、欧盟预算资金有限以及边境碳税实施难等诸多挑战。

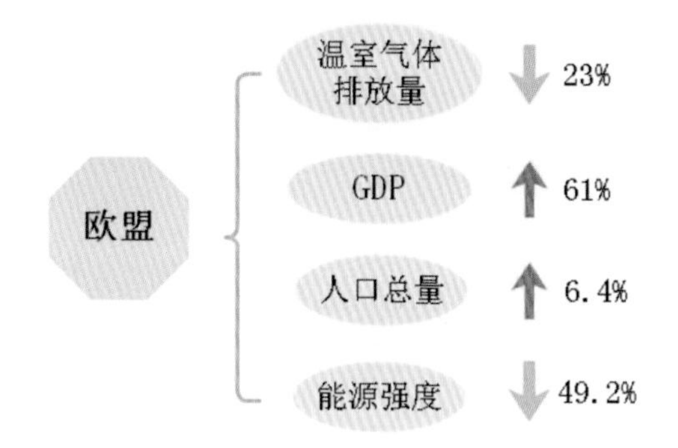

图6-2 1990—2018年欧盟排放贸易相关变化
数据来源：世界银行数据库

欧盟和仍然处在上升期的美国相比，经济增长缓慢，人口老龄化，整体上保持极其缓慢的增长，但是部分成员国则呈下降趋势。在区域一体化方面，欧盟实现内部取消国界的“申根协议”、统一货币（19个国家使用欧元，有统一的欧洲银行），施行统一关税，统一外交，在国际气候谈判中，欧盟国家用一个声音说话，集体承诺。对内则通过欧盟直接管理的排放贸易体系和向各成员国分解任务的办法，确保目标的实施。

如图6-3所示，欧盟的绝大部分温室气体排放来自能源供应、交通及工业，占到欧盟总体温室气体的67%。

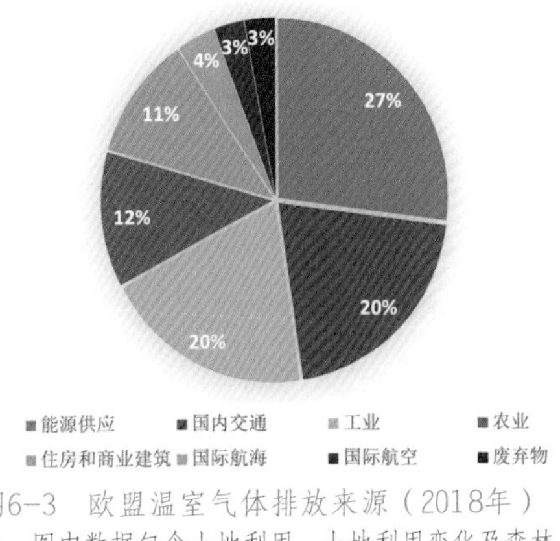

图6-3　欧盟温室气体排放来源（2018年）
注：图中数据包含土地利用、土地利用变化及森林
数据来源：世界银行数据库

如图6-4所示，欧盟各行业的温室气体排放趋势是，能源供应、工业以及住房和商业建筑的排放呈稳定下降趋势；废弃物和农业排放下降缓慢；交通、航空航海排放呈略微上升趋势，而土地利用、土地利用变化及森林一直是碳汇，每年为欧盟提供约2.5亿吨二氧化碳当量左右的净碳汇。为了减少来自民航的温室气体排放，自2012年起，欧盟内部的民航排放纳入了欧盟排放贸易体系。

欧盟早在2010年就成立了气候行动总司，并任命欧盟气候委员负责推进相关工作。欧盟的气候政策有两大支柱，一是排放贸易体系，一是各国责任分担。其中欧盟排放贸易体系由欧盟直接监管。而各国的责任分担，则是把欧盟的排放目标，分解到各成员国，由各国定期制订气候行动

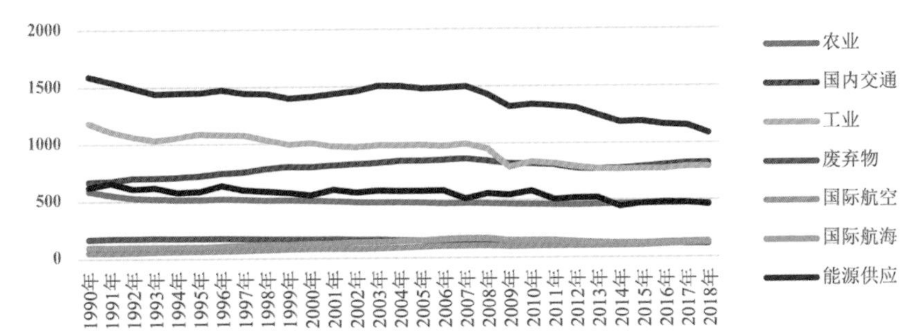

图6-4　欧盟27国的温室气体排放走势(单位:百万吨二氧化碳当量)
来源：欧盟环境署

计划，并向欧盟报告进展。欧盟的排放贸易体系从2005年投入运行，是世界上第一个国际温室气体排放贸易体系。第三阶段于2020年结束，第四阶段是2021—2030年。目前，欧盟排放贸易体系覆盖范围是欧盟国家、冰岛、挪威和列支敦士登的11000多家用能大户如电厂和大型工业企业，以及在上述国家间运行的航空公司。欧盟排放贸易体系涵盖了欧盟温室气体排放总量的45%。如表6–1所示，欧盟排放贸易体系在欧盟的温室气体排放中发挥了重要作用。除了工业和能源行业以外，如建筑、交通、服务业等的温室气体排放，则通过欧盟成员各国之间分解目标的方式，由各国掌控政策实施，并定期向欧盟汇报进展。欧盟建立了一整套温室气体排放监测体系，保证排放数据的真实可靠。

除了排放贸易体系和责任分担外，通过欧盟层面的立法，欧盟成员国开展了一系列活动，如提高可再生能源占各国的能源消费比例；提高建筑能效和各种设备与家用电器的能效，促进能效提高；为新的小汽车和箱车，规定强制性二氧化碳减排目标；支持二氧化碳捕获与封存技术的开发和利用，用于收集和封存来自电厂和大型工业企业的排放。

2018年，欧盟的温室气体排放量比1990年的水平低20.7%，也就是说欧盟超额完成其2020年在1990年的基础上减排20%的温室气体减排目标。

表6–1 欧盟总体排放情况（百万吨二氧化碳当量）

	1990年	2010年	2018年
欧盟排放贸易体系	3038	2743	2652
各国责任分担	2602	2025	2525
国际民航排放	83	149	177
土地利用和林业	−248	−315	−241

此外，欧盟在其第一份《巴黎协定》自主贡献中设定的目标是到2030年温室气体减排40%，2021年更新的国家自主贡献中，欧盟已将这一目标提高到50%~55%。

伞形国家集团

根据法国巴黎银行基金会通过对222个国家的领土排放量进行测算形成的“全球碳地图”，2018年全球二氧化碳排放总量为365.73亿吨。其中，伞形国家总排放量为95.81亿吨，占全球总量的26.2%。美国和俄罗斯的排放量全球排名分别为第二和第四，在伞形国家中则是排放量最大的两个国家（表6-2）。

表6-2 伞形国家总体排放走势（1990—2018年）（百万吨二氧化碳当量）

国家名称	领土排放量（亿吨）	全球占比（%）
美国	54.16	14.81
俄罗斯	17.11	4.68
日本	11.62	3.18
加拿大	5.68	1.55
澳大利亚	4.2	1.15
乌克兰	2.25	0.62
挪威	0.44	0.12
新西兰	0.35	0.1
合计	95.81	26.2

美国

美国经济高度发达，现代市场经济体系完善，国内生产总值居世界第一位。近年来，美国着力优化产业结构，实施“再工业化”战略，推动制造业回流，工业生产保持稳定。美国总人口约为3.32亿人，城市化率为82.26%（世界平均城市化率为55.27%）。2018年，美国二氧化碳排放量约为54.16亿吨，约占全球排放量的15%。美国二氧化碳排放总量于2000年达峰，而后进入平台期，整体呈波动下降趋势。美国能源供给以石油和天然气为主，2018年石油消费碳排放占总排放比重为41%，天然气消费排放占比为32.5%，天然气在能源消费总量中的占比呈上升趋势。美国实现碳达峰及GDP碳排放强度下降，与页岩气的广泛使用紧密相关。1998年，美国页岩气开发技术取得重要突破，引发了第一次“页岩气革命”，页岩气产量增长近20倍，且持续增长。2018年8月，美国成为世界最大原油生产国，同年12月，成为原油净出口国。美国环保署向《联合国气候变化框架公约》提交的国家排放清单指出，美国2005—2012年的碳排放量下降近10%；奥巴马政府在《巴黎协定》下也提出了2025年实现在2005年基础上减排26%~28%的全经济范围减排目标。美国联邦政府应对气候变化工作在特朗普政府时期几乎停滞，拜登政府执政后宣布重新加入《巴黎协定》并评估制定新的减排目标。

尽管特朗普总统上任之后，在气候变化问题上逆转了前任政府的立场，对外宣布退出《巴黎协定》，对内宣布废止“清洁电力计划”，国内气候治理进程出现严重倒退，但由于奥巴马在任期间奠定了较为坚实的市场和行动基础，美国地方政府、城市和企业在特朗普宣布退出《巴黎协定》之后仍在积极采取气候行动。美国的50个州中有22个州加入了“美国气候联盟”，并承诺到2025年，各州温室气体排放要在2005年水平的基础上下降26%~28%。2017年，纽约州前州长布隆伯格发起“美国承诺倡议”，会集了1.2亿人口、筹资6.2万亿美元，签署的《我们还在》宣言声明美国不会退出减排行动。2018年，加州州长布朗签署行政令（B-55-

18）宣布：可再生能源发电比例将增至60%，加之土壤和林业碳捕集，2045年可实现零碳。

美国参与气候治理的最大挑战来自两党在气候变化问题上的分裂。气候变化问题对于美国两党政治来说，一直是一个争议点。美国两党的气候政策与其所代表的利益集团是高度关联的，共和党历来是美国传统能源行业的代言人，主张煤、石油等传统化石燃料的生产和消费，维护传统能源公司的利益。民主党则更关注环境问题和新能源产业以及由此产生的新增就业岗位，因此大力推动气候变化立法及新能源产业发展。纵观美国历届总统以及国会多数党更迭，基本形成民主党执政时期美国加入国际气候治理进程，共和党上台退出协议、民主党再加入、共和党再退出的交替进程。国际社会也经历了从不适应到适应的过程，当共和党执政远离国际气候治理的时候，国际社会会转移视线，更多关注美国地方和企业层面的行动，并等待美国的再次回归。但是，美国作为全球唯一的超级大国，也是排放大国，其国家层面的政策波动和不连续性必然会对其国内和国际气候治理进程构成挑战。

俄罗斯

俄罗斯位于欧亚大陆北部，地跨欧、亚两大洲，国土面积为1709.82万平方千米，是世界上面积最大的国家，有世界最大的化石燃料储量，也是石油、天然气、煤炭等燃料的主要生产国。2019年俄罗斯国内生产总值为1.687万亿美元，同比增长2.03%，人均GDP为11497.7美元，总人口为1.44亿人，城市化率为74.59%。1917年建立的苏联是世界上第一个社会主义政权，其通过一系列社会主义改革成为世界强国，作为第二次世界大战的战胜国，苏联成为联合国安理会五大常任理事国之一。冷战时期（1947—1991年），以美国为首的北大西洋公约组织所代表的资本主义阵营与以

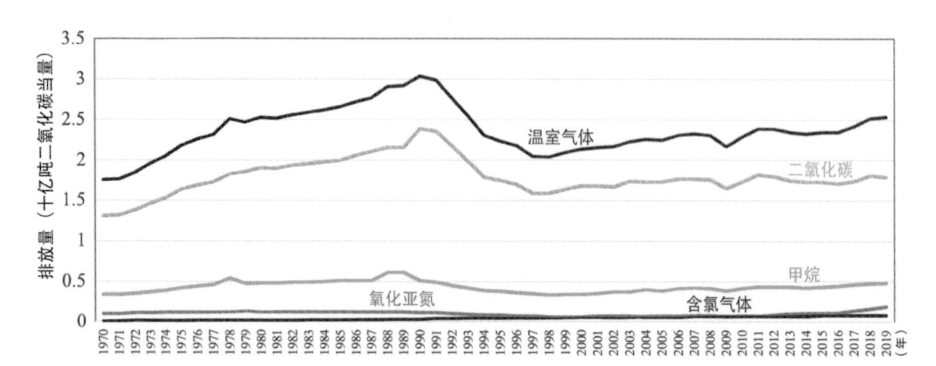

图6-5 俄罗斯联邦温室气体排放量（1970—2019年）
数据来源：Oliver·J and Peter W. 2020

苏联为首的华沙条约组织所代表的社会主义阵营之间展开政治、经济和军事争霸。1991年底，苏联解体，国际体系两极格局瓦解。俄罗斯等原苏联国家经济结构随着苏联解体发生剧变，出现了较长时间的经济滑坡。由于经济严重衰退，产业调整重组，其温室气体（特别是二氧化碳）排放水平也出现断崖式下降（图6-5）。

俄罗斯是一个国民经济高度依赖能源生产和消费的国家，对全球气候治理的态度一直以来较为谨慎。由于参与全球气候治理要求其国内采取减排措施，会对能源部门造成较大影响。俄罗斯出口收入的一半来自能源输出，而气候治理可能影响能源消费格局尤其是减少化石燃料的消费比重，进而影响俄罗斯的外汇收入。

G77+中国集团

七十七国集团（以下简称G77），是发展中国家在反对超级大国的控制、剥削、掠夺的斗争中，逐渐形成和发展起来的一个国际集团。1963年，在18届联合国大会讨论召开贸易和发展会议问题时，75个发展中国家共同提出了一个《联合宣言》，当时称为“七十五国集团”。后来在1964

年召开的第一届联合国贸易发展会议上77个发展中国家和地区发表了联合宣言，自此称为七十七国集团，1979年成员国已增加到120个，但仍沿用了G77的名称。G77为推动南南合作和南北合作做出了重要贡献。中国虽不是G77成员，但一贯支持该组织正义主张和合理要求。自20世纪90年代以来，中国同G77关系在原有基础上有了较大发展，通过“G77+中国”这一机制开展协调与合作，代表了最广大发展中国家的利益。由于G77主要由发展中国家组成，其碳排放除中国、印度等新兴发展中国家外，整体排放水平偏低（图6–6）。大部分国家的人均温室气体排放远低于世界平均水平。

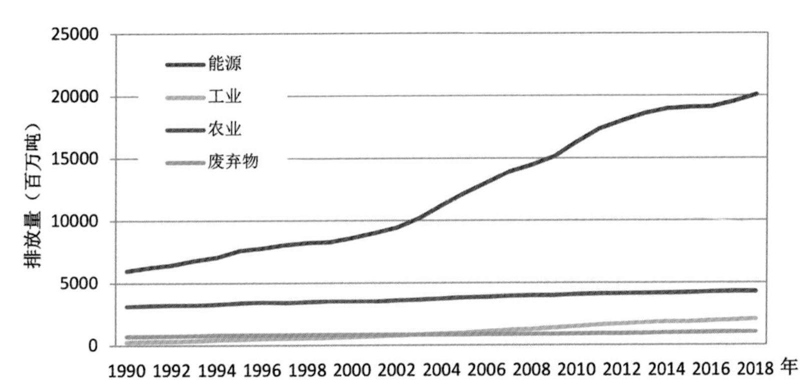

图6–6　G77+中国集团按来源分温室气体排放总量（1990—2018年）
数据来源：世界资源研究所CAIT数据库

基础四国

“基础四国”（The BASIC Countries）是由巴西、南非、印度和中国四个主要发展中国家组成的《公约》下的谈判集团，取四国英文名首字母拼成的单词“BASIC”（意为“基础的”）为名。这4个国家都是经济发展速度较快、国际影响不断增强的发展中国家，在一些重大问题上具有相近的利益诉求。作为发展中国家中新兴经济体的代表，这4个国家在国

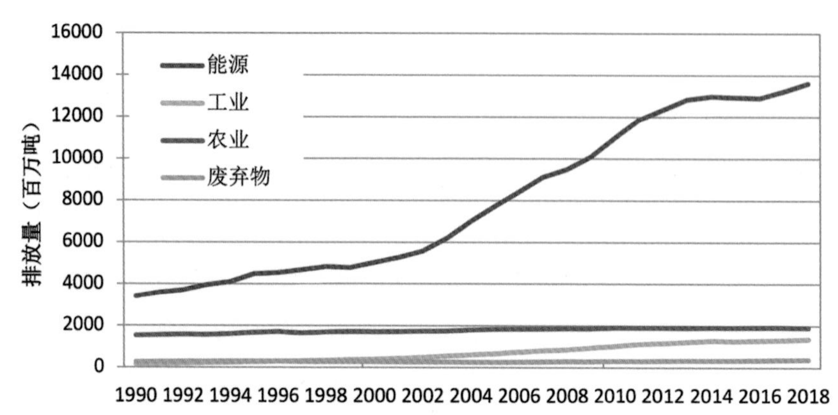

图6-7　基础四国按来源分温室气体排放总量（1990—2018年）
数据来源：世界资源研究所CAIT数据库

际政治经济格局中的影响力日益扩大，同时由于基础四国整体的温室气体排放增速较快（图6-7），在国际气候谈判进程中逐渐成为一股不容小觑的新兴力量。自成立之日伊始，基础四国集团已在历次联合国气候谈判中发挥着令人瞩目的重要作用。

印度

近20年来，印度经济保持持续增长，但增速波动十分明显，特别是近5年来，经济增速不断下降。

印度人均GDP与经济增长基本保持了一致的发展趋势，总量持续增长，但增速振幅较大。经济增速的波动自然传导到人均GDP的增速上，2019年印度GDP达到2.85万亿美元，人均GDP约2100美元。印度基本处于亚洲人均收入最低的国家行列，但其整体经济规模位居世界前列，工业实力在亚洲仅次于中国、日本和韩国。人口方面，21世纪以来，印度人口总量持续增加，但人口增长率则出现显著放缓，人口密度基本保持稳定。印度的人口增长率在过去20年中一直在放缓，这归因于贫困的减轻、受教育程度的不断提高以及日益提高的城市化水平。

在排放方面，印度近年来温室气体排放量保持了持续增长，但增速有所放缓。根据波茨坦气候影响研究所汇编的数据，自1970年以来，排放量增长了3倍，印度2015年的温室气体排放量为35.71亿吨二氧化碳当量，人均排放量为2.7吨二氧化碳当量，约为美国的1/7，不到世界平均水平的一半。在印度，温室气体排放量的68.7%来自能源部门，其次是农业、工业过程、土地利用变化和林业以及废物，分别占温室气体排放量的19.6%、6.0%、3.8%和1.9%。印度于2016年10月2日，即为巴黎气候变化大会提交其“国家自主贡献”的一年之后，批准了《巴黎协定》。

南非

南非被誉为“非洲之光”，在经济发展水平、民生幸福指数等指标上，遥遥领先于绝大多数的非洲国家。在二十世纪六七十年代，南非被认为是为数不多的准发达国家，经济增长率在全球内名列前茅。但是，自20世纪70年代后期以来，南非存在持续的经济问题。

南非经济的结构性矛盾也十分突出。一直以来，南非的支柱产业是采矿业和农业，主要依靠出口拉动增长，因此很容易受到国际市场波动的影响。长期来看，若南非不能及时有效地解决电力和交通基础设施落后、对矿业和外资过度依赖、贫富两极分化不断扩大、劳动力技能短缺等问题，其长期经济平均增速将可能在1.5%左右的低位徘徊（图6–8）。

作为非洲最大的经济体，南非近年来能源消费不断增长。南非能源部门产值在南非国内生产总值中所占比重为15%左右，由于该国煤炭储量丰富，开采成本相对较低，因此能源结构以煤炭为主，煤炭在一次能源供给中所占比重高达67%。煤电发电量占全国发电量的90%以上。可再生能源在能源结构中所占比重约为8%。能源部门产生的温室气体排放在该国总排放水平中所占比重超过50%，是南非控制温室气体排放的重要领域。

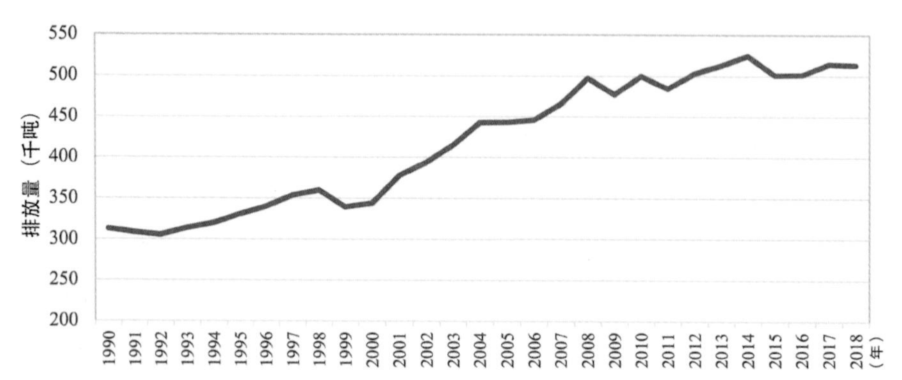

图6-8　1990—2018年南非温室气体历史排放
注：数据为二氧化碳当量总量，不含土地利用变化和林业
数据来源：世界资源研究所CAIT数据库

2018年，南非温室气体排放总量（不含土地利用变化和林业）为5.13亿吨，人均碳排放量为8.9吨二氧化碳当量。面对减排和气候变暖的国际压力，南非政府大力发展清洁可再生能源，积极制定碳税等减排政策，将南非百万美元碳排放强度由2002年峰值时期的341千吨，下降到2018年的139千吨，实现了大幅度下降。

巴西

巴西具备较强的经济实力，人均GDP在发展中国家中排名前列，产业结构接近发达国家水平。2019年，巴西国内生产总值位居世界第9位，与意大利总量相当，在拉美排名第一。巴西第三产业产值占国内生产总值的近六成，工业增加值仅占GDP比重的18%。2019年3月，巴西在WTO中宣布，放弃发展中国家身份。尽管巴西向来“雄心勃勃”，但近20年来，巴西经济却在高速增长和停滞甚至衰退的周期间不断反复。

小岛屿国家联盟

小岛屿国家联盟的人口总数2017年达到6309万人，GDP总量达到6557亿美元。古巴人口最多，巴布亚新几内亚面积最大。领海面积总和占了地球表面的1/5。小岛屿国家的经济总体情况要好于最不发达国家（见表6-3），但经济规模过小，经济结构单一，脆弱性凸显，应对气候变化能力较弱。

表6-3　小岛屿国家联盟人口、GDP和二氧化碳当量等指标

年份（年）	国内生产总值（百万美元）	单位国内生产总值（美元/人）	温室气体排放总量（亿吨二氧化碳当量）	人均温室气体排放量（吨二氧化碳当量/人）	单位GDP温室气体排放量（吨二氧化碳当量/百万美元）	人口（百万人）
2015	600350.3	9715.09	257.07	4.16	428.2	61.8
2016	616121.71	9866.09	260.41	4.17	422.66	62.45
2017	655739.78	10394.48	258.65	4.1	394.44	63.09

注：温室气体排放量数据的统计口径为受《联合国气候变化框架公约》及《京都议定书》管控的所有温室气体，不包括土地利用和土地利用改变造成的温室气体排放源和汇的变化。

小岛屿国家联盟内部也有多样性，人口、经济发展水平各有不同。气候变化领域，小岛屿国家主要关注海平面上升带来的社会经济环境影响。小岛屿国家的大多数人口生存在低海拔沿海地区，这些地区的海拔多数低于10米。这些国家面对海平面上升、风暴潮和洪水等自然灾害极其脆弱。2007年IPCC第四次评估报告指出，2100年全球升温导致的海平面上升将达到1.8~5.9米。届时，基里巴斯、马尔代夫、马绍尔群岛和图瓦卢将会沉没，这些国家的人民将遭受难以承受的影响。因此，小岛屿国家联盟在国家气候治理进程中的要求往往最为激进，是全球温控1.5℃目标的坚定支持者。

小岛屿国家联盟的排放水平并不高，温室气体排放对全球的贡献不足1%，但这些国家面临的能源结构转型压力却丝毫不比其他国家小。2015—2017年小岛屿国家联盟人均温室气体排放约4.10吨，人均GDP约1万美元。

第七章 中国应对气候变化行动与绩效

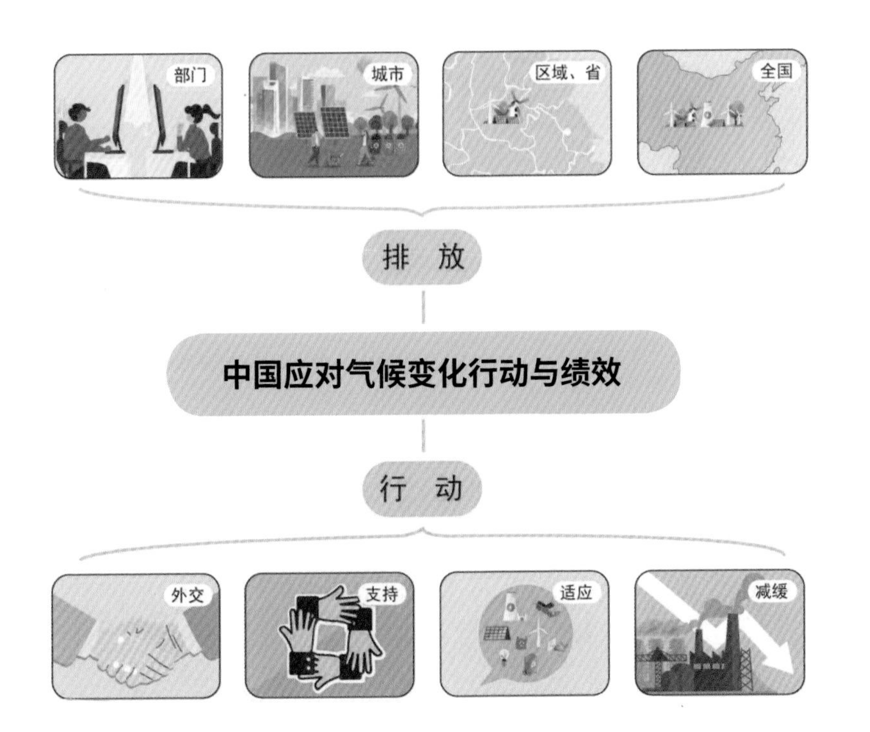

中国是最大的发展中国家。在经济快速增长的拉动作用下，2005年中国超过美国，成为世界上年碳排放量最大的国家。2008年金融危机之后，中国的生产结构发生了巨大变化。近年来，中国经济进入新常态，转向结构稳增长，碳排放总量年平均增长速率约为3%。中国的碳排放量增长主要来源于化石能源特别是煤炭的消费以及工业生产过程。中国是世界上最大的煤炭生产国和消费国，煤炭产量和消费量自20世纪60年代以来均增长了10倍，同时，中国也是世界上最大的水泥生产国，水泥产量约占全球水泥产量的44%。从体量和增长趋势上中国的碳排放将对全球碳排放趋势产生关键影响，因此，中国也是全球开展碳减排和低碳发展的最主要区域。

第一节　中国的碳排放

全国碳排放

中国碳排放总量增长呈现出一定的阶段性：1990—2000年，中国二氧化碳排放量平稳增长；2000—2013呈现快速增长态势，而2013年之后，碳排放增速明显放缓，2015年排放总量甚至出现了下降，2016年和2017年二氧化碳排放有所增加，出现了一个短暂的平台期。2018年，中国二氧化碳排放增速反弹，达到2.5%。从人均二氧化碳排放来看，中国的人均二氧化碳排放从1990年的2.04吨增至2017年的7.72吨，比世界平均水平高62%（图7–1）。

碳强度是指单位能源消费量的碳排放量。从碳强度来看，1980年以来中国的碳强度总体来说呈现不断下降的趋势，从1980年的1.44千克二氧化碳/美元下降到2017年的0.48千克二氧化碳/美元。1990—1999年的平均

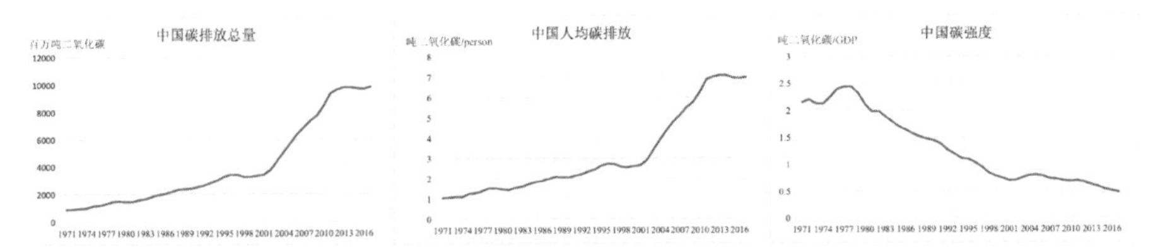

图7-1　中国的碳排放总量、人均二氧化碳排放和碳强度
数据来源：《中国气候与生态环境演变：2021》

降速为6.14%，属于快速下降阶段。2000—2009年的平均降速为0.60%，属于低速下降阶段。2010—2017年，碳强度以较快速度下降，平均降速为4.56%。2009年，中国确定到2020年碳强度比2005年下降40%~45%的自主行动目标。根据《中国应对气候变化的政策与行动2018年度报告》内容，2017年中国碳强度比2005年下降约46%，已经提前实现并超过了2020年碳强度下降40%~45%的目标。

从累积排放的角度看，1970—2017年，中国二氧化碳历史累积排放占同一时期全球排放总累积量的17%，与欧盟相当，但低于美国的21%。自工业革命以来（1750—2019年），中国二氧化碳历史累积排放占同一时期全球排放总累积量约13%，远低于美国的25%和欧盟的26%（图7-2）。

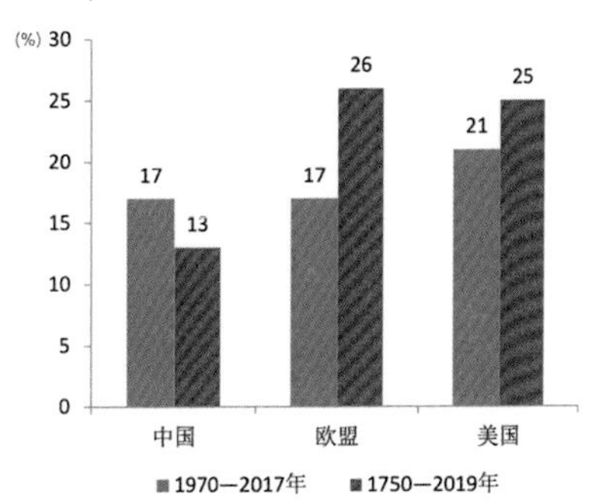

图7-2　中国、欧盟、美国累积碳排放百分比

区域和省级碳排放

进入21世纪以来，随着中国经济快速发展、居民收入水平逐年增加以及对外贸易稳步增长，中国总体及各省（自治区、直辖市）的二氧化碳年排放量都有明显的增长。1997—2017年，全国总二氧化碳排放量总体呈增

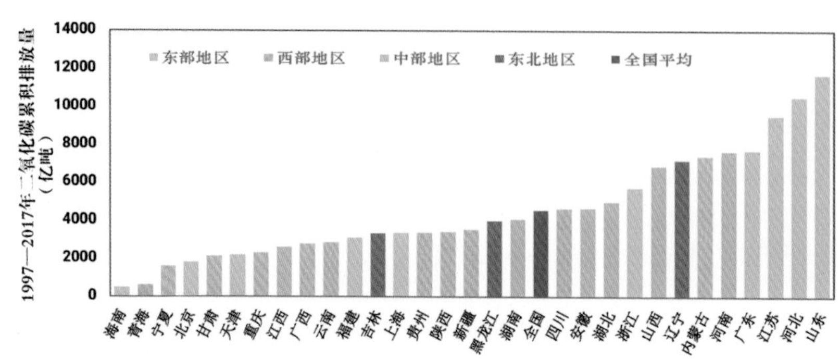

图7-3 1997—2017年中国四区域各省二氧化碳累积排放量
数据来源：《中国气候与生态环境演变：2021》

长趋势，从29.4亿吨增长至98.7亿吨。各省累积排放量同样呈现出较大的差异（图7-3）。1997—2017年，东部和中部部分省份，如山东、河北是累积碳排放量较高的省份，累积碳排放量超过100亿吨；海南、青海、宁夏、北京四省（自治区、直辖市）的累积碳排放量则处于全国最低水平。在1997—2017年，山东、河北、江苏、广东、河南、内蒙古、辽宁、山西、浙江这9个省（自治区）的累积碳排放量总和超过全国的50%，进一步体现出我国碳排放的省际不均匀性。

在2001—2011年，多数省份的二氧化碳排放量表现出持续增长的特征；而自2012年起至2017年，除安徽、江西、新疆3省（自治区）的二氧化碳排放量持续增长外，不少省份均出现了二氧化碳排放量的波动或下降，排放量进入了一个平台期。

与此同时，中国各省的二氧化碳排放量及增长速度呈现出明显的空间差异，总体表现为“东高西低”，且近年来有“南稳北增”的趋势。1995—2007年，中国的碳排放量即已经表现出东部最高、中部次之、西部最小的特点；2008年以后，中国东部和中部地区的碳排放量则明显高于西部。同一地区内的不同省份也呈现出不同的增长格局。东部各省碳排放增量进入21世纪后差异显著；中部省份中，河南和山西的碳排放量在2005年以后有大幅的增长，其余各省份基本与全国平均值接近；在西部地区，内蒙古排放量最高、增长最快并于2015年达到近6亿吨。

中国各省的人均碳排放也表现出明显的时空变化，但人均碳排放量高值区域与社会经济发展较快地区的重合度不如碳排放总量那么高。与东部地区排放量和排放强度高于西部地区相反，2012年，西北和北部省份的人均二氧化碳排放量和排放强度高于中部和东南沿海地区，尤其是内蒙古、宁夏、山西、新疆和辽宁5个省（自治区），人均碳排放量均超过10吨。全国各省的人均碳排放在1990—2010年都显著增加，人均排放量的范围从各省均在7吨以内变化为3.21~20.64吨，其中2010年人均排放量较高的省（自治区、直辖市）有辽宁、内蒙古、北京、天津、上海、山西、宁夏等，较低的省（自治区）包括广西、海南、江西、四川、云南等。

城市碳排放

随着城市化进程的推进，城市碳排放的影响和贡献日益重要。中国各城市的碳排放量同样表现出显著的城市间差异。大部分城市在过去20年间的碳排放量有较为明显的增长，不过也有部分城市的碳排放量或碳排放强度有所下降。高排放城市数量增多，同时出现从东部沿海地区逐渐向中西部地区扩展的趋势；并且，城市碳排放量增速与排放量绝对值大小之间表现出一定的负相关关系。2000—2013年，中国西部和北部的部分欠发达城市二氧化碳排放量平均年增长率超过10%；而除了湖南、江西和山东外，大多数东部和中部城市的增长率则较低。

在碳排放的空间格局上，与省级碳排放较为相似，中国城市碳排放总体呈现出东高西低的态势；人均碳排放的相对高低水平与城市总碳排放分布基本一致，不过更主要表现出南高北低的特点。拥有较高GDP水平和人口数，或能源密集的大城市（主要是东部城市），例如北京、天津、上海、唐山、邯郸、重庆、武汉等，碳排放量始终居于全国前列。中部地区城市的排放占比总体相对较小。西部地区有少数城市(如鄂尔多斯市)的二氧化碳总排放量和人均排放量都位居前列，但大部分西部地区城市排放量处于很低的水平。

部门碳排放

从分部门来看，中国碳排放的结构以发电和供热部门及制造业和建筑业为主导（图7–4）。生产性部门的碳排放所占比重最大，消费部门碳排放所占比重较低，但近年来有所上升。2016年，中国发电和供热部门碳排放占化石能源碳排放总量的48.19%，其次是制造业和建筑业，占比为31.31%，再次是交通（9.35%），随后是建筑部门（5.79%）。从碳排放趋势来看，各部门碳排放自1970年以来都经历了一个较为平稳的增长过程。进入21世纪，各部门碳排放增长加快，2000—2011年，发电和工业部门的碳排放年均增速分别达到9.90%和10.60%。2011年之后，各部门碳排放增速放缓，到2015年，除建筑和交通部门外，其他所有部门的碳排放

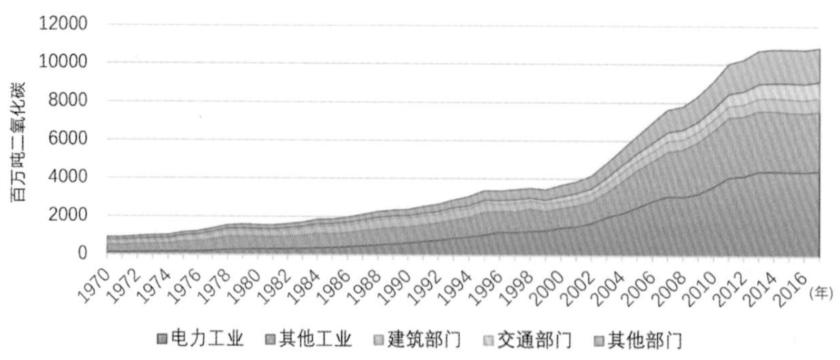

图7–4 1970—2017年中国分部门二氧化碳排放
来源：《中国气候与生态环境演变：2021》

都出现了负增长，这直接导致2015年中国整体碳排放出现了下降。2016年发电、其他工业、建筑、交通部门的碳排放进一步下降，2017年各部门碳排放重新回到上升通道。

能源（电力）部门

改革开放以来，我国经济持续高速增长，成为世界第二大经济体，工业化和城镇化进程不断加快，人民生活水平不断提高，能源消费和二氧化碳排放也随之快速增长。2005年和2009年，我国二氧化碳排放和能源消费总量先后超过美国，成为世界第一。与能源相关的二氧化碳排放，2017年为93亿吨，是1980年的7.3倍，平均年增长速度为5.5%。从逐年增长速度来看，2004年我国二氧化碳排放增长速度达到峰值16%以后，增长速度逐年下降。与2013年相比，2014年、2015年和2016年逐年略为下降，2017年和2018年小幅反弹。能源结构长期以煤为主，燃煤比例逐渐下降。从1980年、2017年煤、石油、天然气和非化石能源比例可以看出（图7–5），1980—2017年期间，中国燃煤比例下降12个百分点，石油比例下降2个百分点。天然气和非化石能源分别增加4和10个百分点，能源逐渐低碳转型。

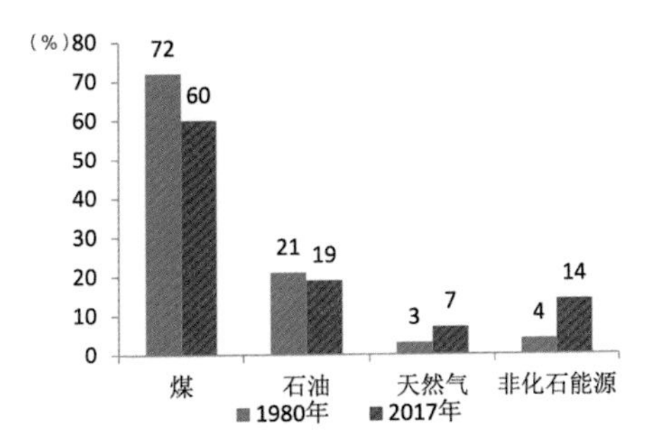

图7–5　1980年、2017年煤、油、天然气和非化石能源比例

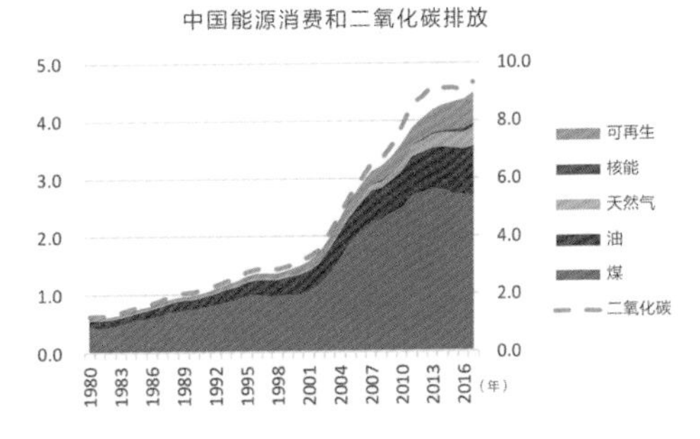

图7–6　中国能源消费和二氧化碳排放

来源：《中国气候与生态环境演变：2021》

我国能源生产和消费模式较为粗放，单位GDP能源消费和碳排放较高。2017年我国能源消费结构中燃煤比例（60%）远高于经济合作发展组织的16%，而我国GDP占世界15%左右，人均GDP远低于发达国家人均水平。但是，我国能源消费总量占世界23%，二氧化碳排放占全球27%，人均二氧化碳排放7吨左右，与欧盟人均二氧化碳排放基本相当，已经高于全球人均水平40%。如果考虑到农村人均能耗和人均二氧化碳排放相对较低，我国城镇人口的人均能耗和人均二氧化碳排放实际上已经达到或者高于经济合作发展组织国家人均水平（图7–6）。

工业部门

除电力部门以外的工业部门（主要为制造业部门）也是温室气体排放的重要来源，其排放主要来自生产过程中的化石能源消耗，还包括化学、冶金和矿物冶炼过程中的排放。过去的近20年间，中国经济发展迅速，从1997年至2016年年底，中国GDP总量增长了9.4倍。而与此同时，工业发展是过去这一阶段中国经济增长的重要源泉。在GDP结构中，工业份额大幅增加，相应使得物质材料消耗、能源消费和气体排放大幅增加。工业部门高排放能源消费比重的扩大对排放量的增加有重要的影响。在未来，煤炭资源的清洁、高效利用，石油替代资源的开发，以及新能源的大规模开发利用，是实现能源结构优化、减少工业碳排放的重要前提。

建筑部门

根据清华大学的《中国建筑节能年度发展研究报告2018》，2016年，中国建筑碳排放总量为19.6亿吨二氧化碳。其中公共建筑碳排放量为7.43亿吨二氧化碳，占建筑碳排放总量的37.9%；城镇居住建筑碳排放量为8.09亿吨二氧化碳，占比41.3%；农村居住建筑碳排放量为4.08亿吨二氧化碳，占比20.8%（图7–7）。中国建筑行业的快速和持续增长可能危及中国政府2030年前后碳排放达峰的承诺。自2010年以来，中国新增建筑数量占全球新增建筑的近一半，但相比其他发达国家，中国人均建筑面积仍低得多。因而，随着中国城市化的快速驱动和经济发展，未来建筑存量和面积将会继续增加。此外，中国在建建筑的舒适条件、隔热保温的完整性等显著低于发达国家水平。因而随着中国人民经济水平的提升，建筑能耗也会进一步增加。

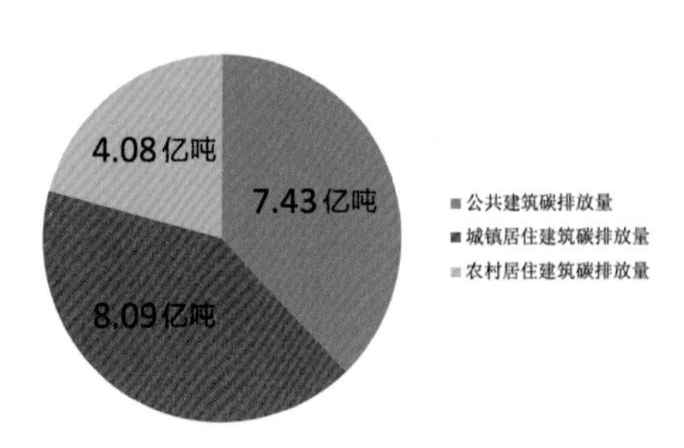

图7–7　2016年中国建筑碳排放情况

交通部门

交通部门排放主要来源于公路、铁路、航空和海上运输所消耗的化石能源。世界上几乎所有（95%）用于运输的能源都来自石油，主要是汽油和柴油。过去几十年来，交通运输业的快速发展，以及运输能源中较高的燃油比例推高了交通部门的碳排放量。2010年，交通运输约占全球温室气体排放量的14%。

农业、林业和其他土地利用（AFOLU）及废弃物处理

农业、森业砍伐和其他土地利用活动既是二氧化碳的排放源（如毁林、泥炭地排干等），又是二氧化碳的吸收汇（如造林、土壤碳固持管理等）（图7–8）。除化石燃料燃烧和工业过程的排放量外，

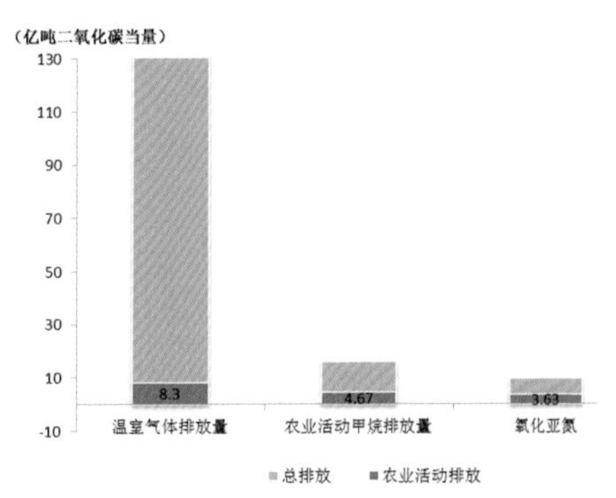

图7–8　农业活动中温室气体排放
数据来源：《中国气候与生态环境演变：2021》

农业、森业砍伐和其他土地利用的变化是全球温室气体排放的第二大贡献者。废弃物处理部门是全球非二氧化碳温室气体排放的第三大贡献源。废弃物的产生与人口数量、城市化率和地区富裕程度（如人均GDP、人均能源消费等指标）都密切相关。

第二节　中国的应对气候变化行动

《公约》作为国际社会在应对气候变化问题上进行国际合作的基本框架，奠定了国际气候制度的基本内容，如缔约方履约行动必须遵守的基本原则、各缔约方的义务、资金机制、技术转让规定、能力建设规定等。在《公约》基本框架基础上，后来的《京都议定书》《巴厘行动计划》以及《巴黎协定》等重要国际协议，进一步明确了各项国际气候制度的具体内容。2007年通过的《巴厘行动计划》确定了全球应对气候变化的长期目标和减缓、适应、技术和资金四大关键议题，被形容为一辆车的“四个轮子”，只有平衡推进，才能行稳致远。中国统筹国际国内积极履约，取得了令世人瞩目的成绩。

减缓气候变化

自2006年以来，中国政府陆续出台了相关政策，并基于国民经济发展规划，通过调整产业结构、优化能源结构、大力节能增效、植树造林等政策措施，努力控制温室气体排放，取得明显成效。在“十一五”时期，中国政府于2007年发布了《节能减排综合性工作方案》，明确了节能减排的具体目标、重点领域及实施措施；修订了《产业结构调整指导目录》，出台了《关于抑制部分行业产能过剩和重复建设引导产业健康发展的若干意见》，提高高能耗行业准入门槛，通过促进企业兼并重组、加强传统产业技术改造和升级等手段降低企业能耗水平；出台了《国务院关于加快培育和发展战略性新兴产业的决定》，支持节能环保、新能源等战略性新兴产业的发展，尤其是在可再生能源领域发展迅猛。根据世界银行报告数据，1990—2010年，全球累积节能总量中中国的占比达到了58%。在发展可再生能源上，中国的装机容量也占了全球的24%，新增的容量占全球的37%。

在“十二五”时期，中国组织编制《国家应对气候变化规划（2014—2020年）》，对21世纪第二个10年的中国应对气候变化工作进行系统谋划；中国提出的2030年左右排放峰值目标、20%非化石能源目标等进一步倒逼国内产业政策和机制转变，尤其是将生态文明建设纳入“五位一体”总体布局，“绿水青山就是金山银山”理念成为各级政府的工作目标，进一步使减排与经济转型发展的协同一致性上升为经济社会发展的内在要求。在此基础上，中国先后出台实施了《大气污染防治法（修订草案）》《环境保护法》《可再生能源法》等，建立了严格的责任追究机制，加大了污染环境的违规成本。到“十二五”末期，中国能源活动单位国内生产总值二氧化碳排放下降了20%，超额完成下降17%的约束性目标；非化石能源占一次能源消费的比重达到了11.2%，比2005年提高了4.4个百分点，2011—2015年中国在全球可再生能源的总装机容量中占据25%，使中国成为世界节能和利用新能源、可再生能源的第一大国。

在绿色投资领域，中国先后颁布了《绿色信贷指引》等相关政策规定。近年来在全球绿色投资竞争中中国一直稳居前列，在清洁能源、污染治理等领域投入的资金量遥遥领先其他国家。在碳市场建设上，在中国政府的推动下，2010年开始实行低碳省区和低碳城市试点，在全国建立了北京、上海、天津等7个区域性碳市场试点，从减排主体、减排配额、交易工具、交易机制等角度进行探索，为碳市场建设积累经验。整个“十二五”期间，7个区域性碳市场试点共纳入20余个行业、2600多家重点排放单位，累积成交排放配额交易约6700万吨二氧化碳当量，累积交易额达23亿元。2021年1月1日，首个履约周期正式启动，涉及2225家发电行业的重点排放单位。除此之外，中国还推出了非常具有中国特色的行政管制措施，采取了类似于关闭高能耗工厂、产能压缩等一系列的强力措施。

根据2020年12月21日发布的《新时代的中国能源发展》白皮书，中国2019年碳排放强度比2005年降低48.1%，提前实现了2015年提出的碳排放强度下降40%~45%的目标。中国绿色低碳发展所采取的一系列行动，为引领全球气候治理打下了坚实基础（图7-9）。

图7-9 新能源示意图

2021年10月，国务院关于印发《2030年前碳达峰行动方案的通知》，将碳达峰贯穿于经济社会发展全过程和各方面，重点实施能源绿色低碳转型行动、节能降碳增效行动、工业领域碳达峰行动、城乡建设碳达峰行动、交通运输绿色低碳行动、循环经济助力降碳行动、绿色低碳科技创新行动、碳汇能力巩固提升行动、绿色低碳全民行动、各地区梯次有序碳达峰行动等“碳达峰十大行动”。

适应气候变化

适应气候变化是降低气候变化危害、防灾减灾、促进社会和谐稳定的迫切需要，也是转变经济发展方式和建设资源节约型、环境友好型社会的迫切需要。多年以来，中国不断强化适应气候变化领域的顶层设计，提升重点领域适应气候变化的能力，加强适应气候变化基础能力建设，努力减轻气候变化对中国经济社会发展的不利影响。1994年颁布的《中国21世纪议程——中国21世纪人口、环境与发展白皮书》首次提出适应气候变化的概念。2007年制定实施的《中国应对气候变化国家方案》系统阐述了中国各项适应任务。2010年发布的《中华人民共和国国民经济和社会发展第十二个五年规划纲要》明确要求“在生产力布局、基础设施、重大项目规划设计和建设中，充分考虑气候变化因素。提高农业、林业、水资源等重点领域和沿海、生态脆弱地区适应气候变化水平”。2013年，国家发展和改革委员会颁布《国家适应气候变化战略》，进一步明确了我国适应气候变化工作的基本原则、主要目标以及重点任务。与此同时，农业、林业、水资源、海洋、卫生、住房和城乡建设等部门也先后制定实施了一系列适应气候变化的重大措施。

完善资金机制与加强技术合作

发达国家向发展中国家提供履行《公约》有关的资金，并加强对发展中国家的低碳技术转让与支持，是发展中国家有效履约的重要前提。2005年《京都议定书》生效以来，3个灵活机制提供了基于市场的融资渠道。“十一五”期间，中国批准了5073个清洁发展机制项目，这些项目主要集中在新能源和可再生能源、节能、提高能效、甲烷回收利用等方面，其中有270个项目在联合国清洁发展机制执行理事会成功注册。

中国在强调发达国家必须向发展中国家提供资金与技术的同时，针对不少发展中国家经济和基础设施落后、易受气候变化不利影响威胁且应对能力薄弱的问题，多年来通过开展气候变化合作，为非洲国家、小岛屿国家和最不发达国家提高应对气候变化能力提供积极支持，展开发展中国家之间的资金合作和技术推广，积极援助广大发展中国家开展应对气候变化能力建设。2000—2010年，中国先后免除了亚非拉、加勒比、大洋洲地区等50多个国家的到期债务约255.8亿元人民币。2011—2015年，中国为发展中国家援建了200个清洁能源和环保等项目，帮助数十个国家改善应对气候变化基础设施、加强应对气候变化能力建设。2015年9月，习近平主席在出席联合国峰会时宣布，中国将设立中国气候变化南南合作基金；在巴黎气候变化大会上，习近平主席进一步表示，中国将于2016年启动在发展中国家开展10个低碳示范区、100个减缓和适应气候变化项目及1000个应对气候变化培训名额的合作项目。通过建立南南合作基金，中国政府“十二五”规划以来已累积投入5.8亿元人民币，为小岛屿国家、最不发达国家、非洲国家及其他发展中国家提供了实物和设备援助，对它们参与气候变化国际谈判、政策规划、人员培训等方面提供了大力支持。预计2016—2030年，中国将投入30万亿元人民币应对气候变化。

在技术合作领域，中国积极加强应对气候变化科学研究，不但在国内通过设立专项支持等方式加强相关领域的研究，也多次资助相关国际会议和研究活动。特别是在IPCC的各项活动中，中国始终是积极参与者，组团参加了历次全会和主席团会议，先后有100多位优秀科学家和相关领域的专家学者参与IPCC历次评估报告和特别报告的编写和评审。中国在这个过程中实现了国内国际气候变化科学研究的双促进，中国的研究成果在IPCC以及联合国其他可持续发展领域相关报告中的引用率显著提高。

气候治理

气候外交是全球气候治理的重要内容和“主战场”，是中国参与全球治理的成功典范，也是新时期中国外交的重要课题。面对全球气候谈判中所面临的日益复杂局面，中国逐渐形成了基本的全球气候理念：坚持《公约》和《京都议定书》的基本框架，严格遵循“巴厘路线图”；坚持“共同但有区别的责任”原则；坚持可持续发展原则；坚持统筹减缓、适应、资金、技术等问题以及坚持联合国主导气候变化谈判的原则；在联合国《公约》框架下，坚持“协商一致”的决策机制。中国的气候外交在坚持上述原则的基础上，根据自身的条件积极采取更加灵活、更积极的立场和行动，积极参与《公约》内外的谈判活动，灵活利用双边或多边援助与发展机制等，扩大对发展中国家的影响，推动全球气候治理的进程。

在国际气候谈判中，中国主动采取更灵活的气候外交政策，不断巩固中国在联合国框架内外的气候治理话语权。中国强调，全球气候治理应在联合国框架下通过协商一致的方式来解决，其他形式的国际机制应作为对前者的补充和推动。在《公约》以外的机制上，中国从过去的专注于《公约》以及《京都议定书》，逐渐转变为对其他形式国际气候合作机制持开

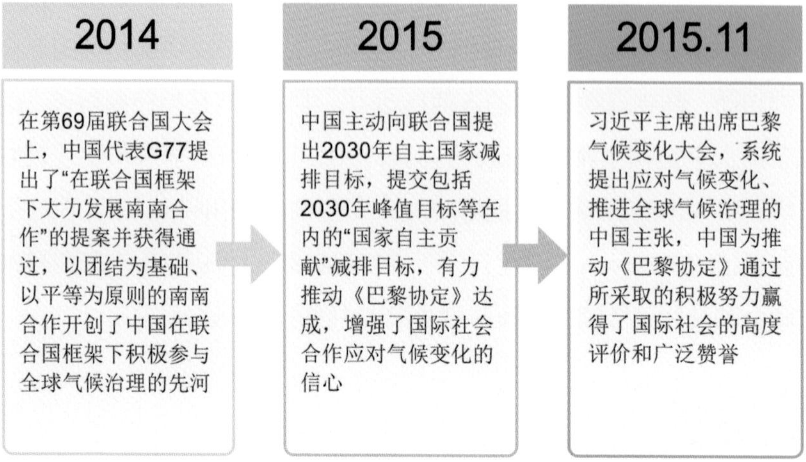

2014

在第69届联合国大会上，中国代表G77提出了“在联合国框架下大力发展南南合作”的提案并获得通过，以团结为基础、以平等为原则的南南合作开创了中国在联合国框架下积极参与全球气候治理的先河

2015

中国主动向联合国提出2030年自主国家减排目标，提交包括2030年峰值目标等在内的“国家自主贡献”减排目标，有力推动《巴黎协定》达成，增强了国际社会合作应对气候变化的信心

2015.11

习近平主席出席巴黎气候变化大会，系统提出应对气候变化、推进全球气候治理的中国主张，中国为推动《巴黎协定》通过所采取的积极努力赢得了国际社会的高度评价和广泛赞誉

图7-10　中国推动国际气候谈判进程

放态度。如历年来中国领导人先后参加了二十国集团峰会、主要经济体能源安全与气候变化会议、亚洲太平洋经济合作组织等，通过高层互访和重要会议推动国际气候谈判进程（图7-10）。

第三篇

碳达峰、碳中和的实现之路

第八章 各国碳中和的目标与实现路径

第一节 各国碳中和目标的提出

人类共同应对气候变化历程始于1992年的联合国环境与发展会议，会上签署、1994年生效的《联合国气候变化框架公约》。随后，1997年达成的《京都议定书》、2007年通过的“巴厘路线图”和其他达成的一系列文件逐步细化了《公约》的原则和内容，形成了应对气候变化的不同阶段目标。2015年联合国巴黎气候变化大会达成了具有里程碑意义的《巴黎协定》。《巴黎协定》谈判和达成过程中，各国都本着对人类和子孙后代负责任的态度，付出了巨大努力。中国为《巴黎协定》的达成、签署、生效和实施做出了历史性、基础性的重要贡献。巴黎气候变化大会前，习近平主席与美国总统连续两次发表气候变化联合声明，与法国总统发表联合声明；李克强总理与欧盟、印度、巴西领导人分别发表联合声明。这些国家集中了主要发达国家和发展中大国，所发表的联合声明为《巴黎协定》谈判涉及的“共同但有区别的责任”原则、长期目标、自主贡献等关键要素上的分歧，提供了政治解决方案。2015年以来，尽管国际形势风云变幻，有的国家中途退出了《巴黎协定》，但中国与欧盟、基础四国中其他国家等仍然坚定地落实《巴黎协定》，坚持多边主义，兑现各自承诺。

《巴黎协定》确定了全球低碳转型的大方向，但其第四条提出要在21世纪下半叶，在人为源的温室气体排放与汇的清除量之间取得平衡，这一目标对应于净零排放。《巴黎协定》提请所有缔约方在2020年前提交21世纪中叶长期温室气体低排放发展战略，以推动全球尽早实现深度减排。《巴黎协定》之后，陆续有国家和地区提出了与中和及净零排放有关的长期目标。在2019年联合国气候行动峰会中，联合国秘书长安东尼奥·古特雷斯发表声明称包括65个缔约方在内的“2050”集团全数承诺在2050年前实现碳中和。

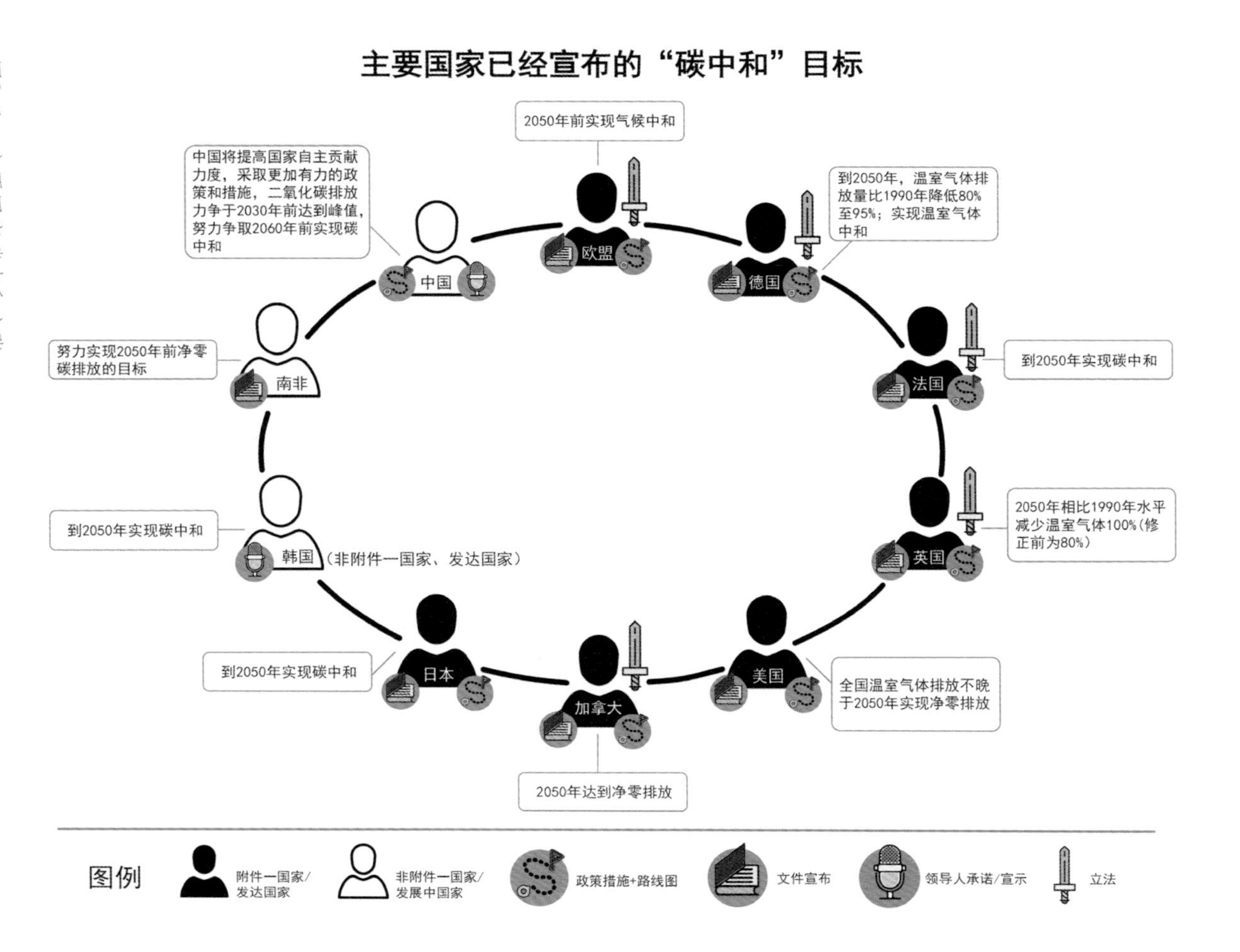

图8-1　主要国家碳中和主张

截至2021年7月，已有192个国家提交了国家自主贡献，其中92个国家更新了其自主贡献文件，提交国家自主贡献的国家占全球GDP和排放的95%以上。已有56个国家以纳入国家法律、提交协定、政策宣示、口头承诺的方式正式宣布了碳中和目标，约占全球排放的近70%。主要国家和经济体提出的碳中和目标如图8-1所示。

第二节　主要国家碳中和目标和实现路径

美国

美国的减缓目标和碳中和目标

2021年1月27日，美国总统拜登宣布了《国内外应对气候危机的行政命令》（以下简称《气候行政命令》），指出美国和世界面临着一场深刻的气候危机，美国需要立即在国内外采取气候行动以避免其不利影响，需要及时抓住应对气候变化的机遇，其国内行动必须与美国的国际领导力齐头并进，必须听从科学，以期加强全球行动（图8-2）。

美国

- 《气候行政命令》：成立白宫国内气候政策办公室、国家气候工作小组、煤炭和发电厂跨部门工作组、白宫环境公正跨部门委员会以及在环保署下设立白宫环境公正咨询委员会等专门机构并负责推进落实
- 到2025年，全经济范围温室气体相比2005年减少26%~28%
- 2030年的气候变化目标：到2030年，全经济范围温室气体相比于2005年减少50%~52%，不晚于2050年实现全经济范围的净零排放
- 领导人气候峰会：凸显美国试图通过再掀减排雄心浪潮，推动由美国主导的新的气候话语体系的战略意图

图8-2　美国减排目标和政策

2021年4月22—23日，由美国总统拜登召集的“领导人气候峰会”在线上举行，这是继美国重新加入《巴黎协定》回归多边气候治理进程后，拜登政府重拾美国气候领导力的又一标志性举动，也凸现了美国试图通过再掀减排雄心浪潮，推动由美国主导的新的气候话语体系的战略意图。

美国碳中和目标实现路径

（1）排放预测和展望。根据美国民主党2021年6月30日发布的《解决气候危机国会行动计划：为了清洁能源经济和健康、韧性、公正的美国》，美国2050年全国温室气体排放需要降至7.9亿吨二氧化碳当量，这些排放主要来自重载货运、非道路交通、工业和农业部门，总排放量比2005年减排57.9亿吨二氧化碳当量（表8-1），降幅为88%。2050年的排放量将由碳汇和碳移除手段抵消，从而实现温室气体净零排放。根据美国2020年提交给联合国的国家温室气体清单，美国2018年温室气体排放量为59亿吨二氧化碳当量，到2050年，年均需减排温室气体1.84亿吨二氧化碳当量；美国2018年林业和土地利用部门碳汇总量为7.7亿吨，尚需增加0.2亿吨碳汇和碳移除量。

从不同部门的排放展望来看，根据2018年美国清单数据，重载货运、非道路交通、工业和农业部门排放为17.5亿吨二氧化碳当量。初步估算，各部门在2050年净零排放情景下排放如表8-1所示，其中，工业和农业部门排放量需降低一半以上，能源部门除重载货运及非道路交通外，其他排放源需要完全实现零排放，废弃物部门排放需降为零，林业部门碳汇需增加至7.9亿吨二氧化碳当量。

从不同能源品种排放展望来看，如果2050年实现净零排放，则能源相关二氧化碳排放需要大幅降低，化石能源实现大规模减量替代。在美国能源信息署预测的基准情景上，美国应于2035年前实现煤炭零利用，2050年前基本实现天然气和石油零利用。

表8-1 净零排放情景关键源排放比较

	2018年清单数据（亿吨二氧化碳当量）	2050年净零排放情景（亿吨二氧化碳当量）
能源部门	55.5	3.5
重载货运	4.5	2
非道路交通	3	1.5
其他	48	0
工业部门	3.8	1.4
农业部门	6.2	3
废弃物部门	1.3	0
林业部门碳汇	-7.7	-7.9
不含碳汇排放	66.8	7.9
净排放	59.1	0

数据来源："2018年清单数据"来自美国2020年清单报告，"2050年净零排放情景"为根据民主党目标和2018年数据进行的匡算

从电力部门的排放展望来看，美国尚未给出实现2050年净零排放的具体情景数值，但上述"计划"提出电力部门需要在2040年前实现净零排放，而拜登进一步把时间提前至2035年。根据美国能源信息署最新的数据，2020年，全国发电总量为4.0万亿千瓦时，其中煤炭和天然气发电量为2.4万亿千瓦时，非化石能源发电量（可再生能源和核电）发电量为1.6万亿千瓦时。根据美国能源信息署的预测，2050年全国发电量为5.4万亿千瓦时，其中化石能源仍将稳定在2.5万亿千瓦时的发电规模，可再生能源电力到2040年后才能增长至与化石能源电力相匹配。

如果电力部门在2035年实现净零排放，则需要每年减少约1600亿千瓦时的化石能源发电量，并在2035年前将可再生能源电力提升至4万亿千瓦时左右，才能保障全国电力供应。这相当于每年要关停15吉瓦的煤电机组

表8-2　净零排放情景电力部门排放

	2020年		2050年趋势照常情景		2050年净零排放情景	
	装机（吉瓦）	发电量（亿千瓦时）	装机（吉瓦）	发电量（亿千瓦时）	装机（吉瓦）	发电量（亿千瓦时）
煤电	226	0.8	125	0.6	0	0
气电	492	1.6	857	2	0	0
核电	97	0.8	79	0.6	170	1.4
可再生	260	0.8	613	2.3	1100	4
总量	1074	4.0	1674	5.5	1270	5.4

数据来源："2020年数据"和"2050年趋势照常情景"均来自美国能源信息署《年度能源展望2021》，"2050年净零排放情景"为根据美国能源信息署数据和零排放情景进行的匡算

（2019年为233吉瓦），以及32吉瓦的天然气发电机组（2019年为482吉瓦），与此同时可再生电力装机规模需要在2019年规模基础上翻5倍左右。而根据美国能源信息署的预测，天然气发电不仅不会下降，到2050年还会增长至857吉瓦，可再生能源电力装机仅为2020年的2.3倍（表8-2）。

从交通部门排放展望来看，美国交通运输继2017年后，继续超越发电成为各经济部门中最大排放来源。美国各经济部门温室气体排放自1990年以来基本保持交通、发电、工业、其他各占1/4格局（图8-3）。交通运输排放自2012年以来呈稳定增长趋势，2018年达到18.83亿吨二氧化碳当量，占全国排放的28%，比2017年增长1.6%。从终端

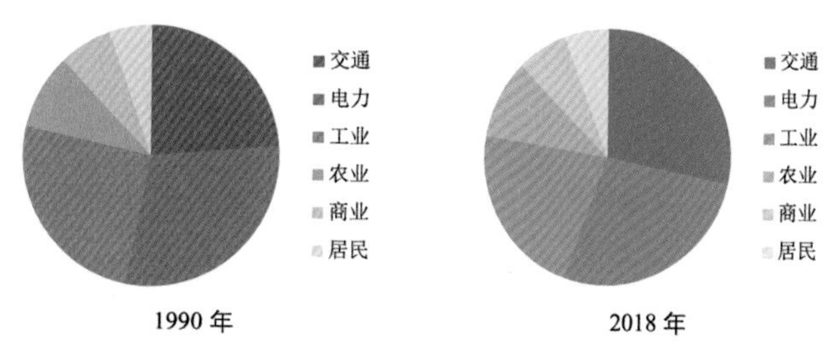

图8-3　美国温室气体排放部门格局

数据来源：美国2020年向联合国提交的美国国家温室气体清单

消费看，交通部门排放是美国能源部门第一大排放源，占比达35%，比排名第二的发电排放多8370万吨。

根据美国能源信息署最新数据，2020年汽油消费量占全美交通部门能耗56%，柴油消费占24%，航煤消费占9%，天然气消费占4%，生物质能消费占5%，其他占2%。若实现2050年净零排放，则需汽油消费降为零，柴油和航煤消费实现大幅减量替代。

（2）政策措施。美国总统行政命令涉及美国碳中和目标的实现路径，具体措施涉及到能源、交通、建筑等领域，也包括技术和生态等方面（图8-4）。

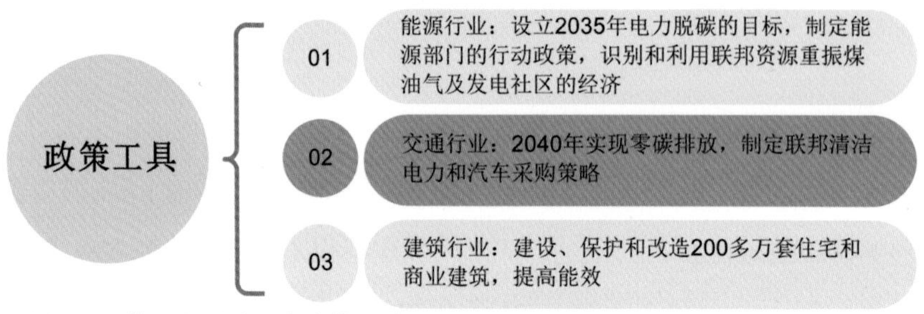

图8-4　美国主要采取的政策工具

欧盟

欧盟的减排目标和碳中和目标

欧盟一直在气候变化问题上扮演“急先锋”的角色，在气候谈判中也表现得非常积极，特别是在目标力度上，时而展现出非常激进的立场。欧盟整体二氧化碳排放量已于1979年达峰，1980—2008年排放量有所波动，2008年金融危机以后稳中有降。1990年后，欧盟30年间的经济增长和二氧化碳排放呈现出较为显著的“脱钩”趋势。

图8-5　欧盟减排目标和政策

欧盟在《公约》及其《京都议定书》《巴黎协定》下提出气候变化减排目标。2019—2020年，尽管欧盟也受到新冠肺炎疫情的影响，但其仍在气候政策方面采取了多项新举措（图8-5）。

欧盟碳中和目标实现路径

欧盟提出的碳中和途径主要包括减源和增汇两个方面，一是减能源活动二氧化碳、其他领域二氧化碳以及非二氧化碳温室气体。其中，能源活动二氧化碳仍是欧盟排放的主要来源，主要通过可再生电力、核电等电力脱碳、以电或气代煤、机动车电动化等方式进行能源替代，以及能源、工业、建筑和交通系统的节能替代（图8-6）。2021年6月30日《欧洲气候法》正式达成，并将于7月29日生效。依据该法，欧盟委员会于7月14日发布了名为"满足55：实现欧盟2030年气候目标以走向气候中和"的《欧洲绿色新政》行动方案（以下简称《方案》），进一步明确了落实法定应对气候变化目标的路线图。《方案》的主要内容如图8-7所示。

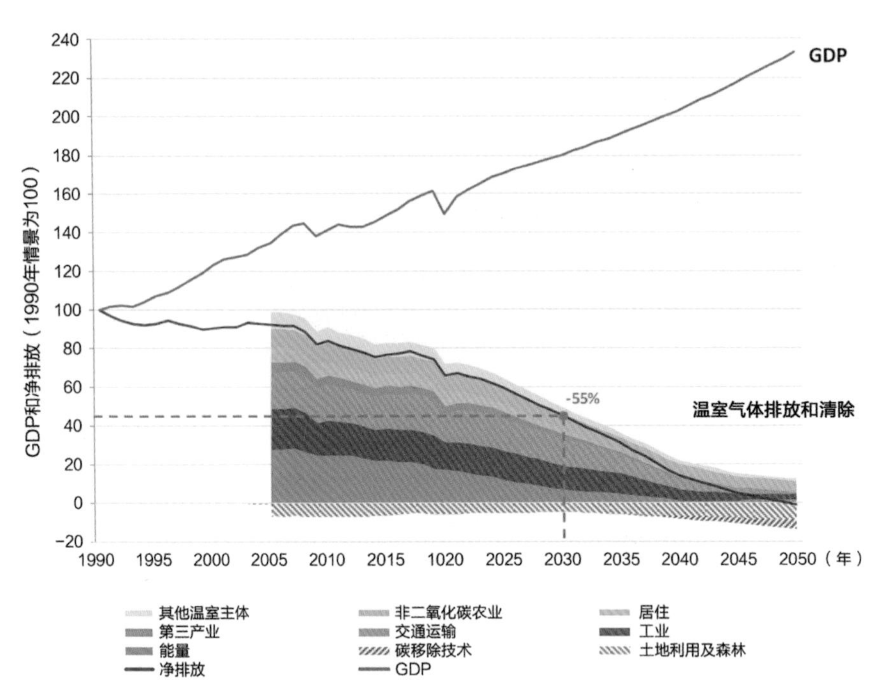

图8-6　欧盟实现可持续的经济繁荣和气候中和路线图

资料来源：欧盟委员会，2020.

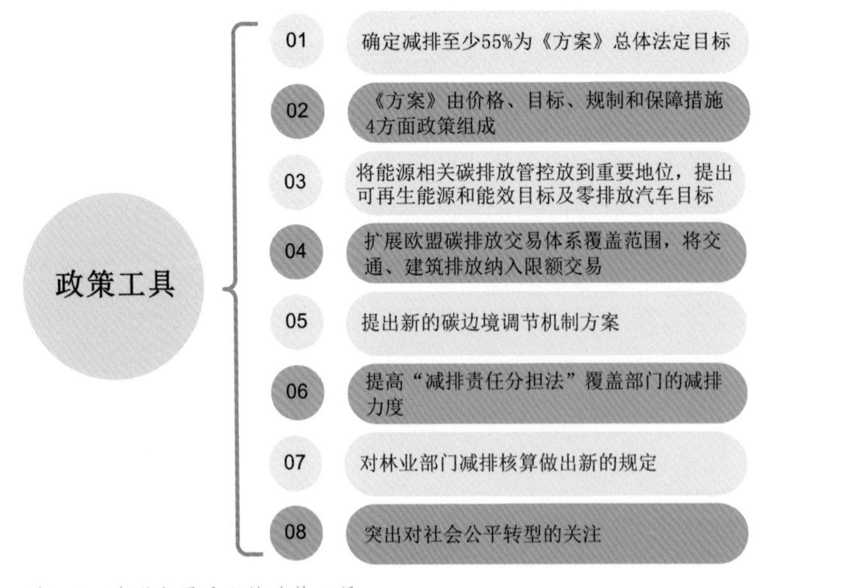

图8-7　欧盟主要采取的政策工具

德国

德国的减排目标和碳中和目标

在全球气候治理实践中，德国将可持续发展目标及《公约》《京都议定书》《巴黎协定》等目标都融入国家经济社会发展的长期战略，依靠自身的资金和技术优势，大力推动二氧化碳减排与能源转型、可再生能源的开发和利用，实现了“碳排放达峰”及经济增长与碳排放“脱钩”（图8–8）。

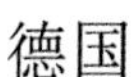

- 温室气体排放量到2050年以前相比1990年降低80%~95%
- 全球温室气体排放量在21世纪下半叶减少至零
- 到2050年，温室气体排放量比1990年降低80%~95%（该目标之后在2019年12月13日纳入法案）
- 《气候行动计划2050：德国政府的气候政策原则和目标》：实现温室气体中性并将气候变化目标立法，并提供在能源、建筑、交通、工业、农业、土地利用和林业等部门的具体措施

图8–8　德国减排目标和政策

德国碳中和目标实现路径

2016年，德国以《巴黎协定》为背景、以在21世纪中期基本达到气候中和为指导原则，制定了《气候保护规划2050》。规划中的行动领域包括能源、建筑、交通、工业商业、农业和土地利用及林业。该规划为所有行动领域提供了2050年以前的指导方针和转型路径，设定了各领域2030年里程碑和指标，即所允许的2030年碳排放量（图8–9）。

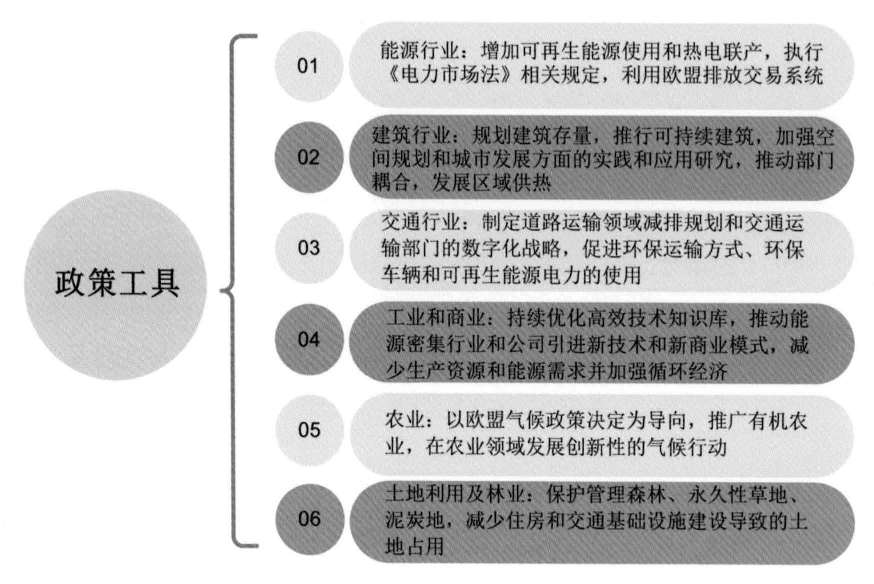

图8-9　德国主要采取的政策工具

2017年，德国将可持续发展目标融入国家社会经济发展的长期战略，明确了温室气体减排目标。2019年，德国颁布《联邦气候保护法》明确2050年实现碳中和目标，8次修订《可再生能源法》，推动能源转型、可再生能源发展。2020年，德国颁布经济复苏刺激计划和国家氢能战略，表明了应对气候变化的坚定决心。

2021年，德国启动国家排放交易系统，提升二氧化碳交易价格。德国将从2021年起启动国家排放交易系统，向销售汽油、柴油、天然气、煤炭等产品的企业出售排放额度。2019年10月，德国政府通过对燃油、取暖油和天然气的二氧化碳定价法案。该法案明确2021—2025年，德国二氧化碳排放价格将由10欧元/吨逐步上升至2025年的35欧元/吨。2025年后，碳排放价格将由市场决定。

英国

英国的减排目标和碳中和目标

英国在《巴黎协定》下通报了2次国家自主贡献。2016年英国还属于欧盟成员国，与欧盟通报了同样的国家自主贡献文件，提出与欧盟相一致的目标，即到2030年，欧盟的温室气体相比1990年减少40%。2020年底，英国更新了国家自主贡献（图8-10），将减排目标提升到相比1990年减少68%。

英国

- 到2030年，全经济范围温室气体比1990年减少68%，并提出2050年实现温室气体净零排放
- 气候峰会：到2035年，全经济范围温室气体相比1990年减少78%
- 计划动用超过120亿英镑的政府资金，到2030年前撬动3倍以上的私营部门投资，创造和支持25万个就业机会

图8-10　英国减排目标和政策

英国碳中和目标实现路径

2019年6月27日，英国新修订的《气候变化法案》生效，正式确立英国到2050年实现温室气体净零排放的目标。2020年11月18日，英国首相鲍里斯·约翰逊公布“绿色工业革命十点计划”，以推动绿色复苏，创造就业机会，迈向净零排放。该计划围绕英国的优势领域设立，包括海上风能、氢能、核能、电动汽车、公共交通、骑行和步行、零排放飞机和绿色航运、住宅和公共建筑、碳捕获、自然生态以及创新和金融。具体包括（图8-11）所列内容。

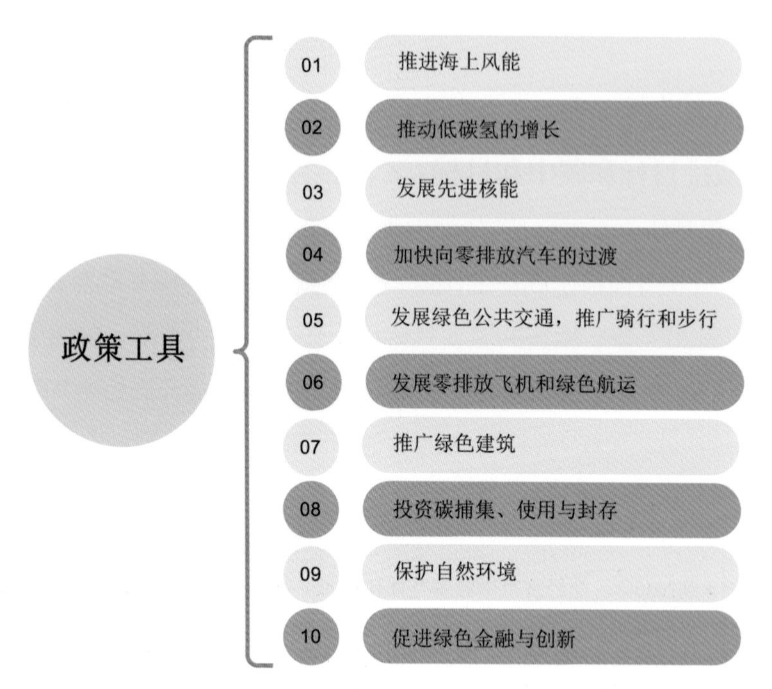

图8-11　英国主要采取的政策工具

日本

日本的减排目标和碳中和目标

2020年12月25日，日本颁布了《面向2050年碳中和的绿色增长战略》（以下简称《增长战略》）；2021年6月18日又公布了《增长战略》最新修订版，将其设立为日本推进碳中和工作的纲领性文件。该战略指出，预计到2050年，每年将为日本创造近2万亿美元的经济增长。为落实上述目标，该战略针对14个产业提出了具体的发展目标和重点发展任务，主要包括海上风电、氨燃料、氢能、核能、汽车和蓄电池、半导体和通信、船舶、交通物流和建筑、食品、农林和水产、航空、碳循环、下一代住宅、商业建筑和太阳能、资源循环、生活方式等（图8-12）。

日本

- 国家自主贡献目标：到2030财年，全口径温室气体排放比2013财年减少26.0%
- 气候峰会：2030财年全口径温室气体排放比2013财年减少46%~50%（尚未通过官方文件提交）
- 《全球变暖对策推进法》最新修订：立法形式确立了2050年碳中和目标

图8-12　日本减排目标和政策

日本碳中和目标实现路径

日本提出，为实现2050年碳中和，将主要从电力领域、非电力领域和脱碳3个方面开展行动（表8-3）。

表8-3　日本实现碳中和主要行动

领域	方式
电力领域	日本计划其未来的发电结构中可再生能源占50%~60%、核电和带碳捕集利用与封存技术的火电占30%~40%、氢/氨发电占10%，由此将带动海上风电、储能电池、氢能、碳回收、氨燃料、核反应堆产业的发展
非电力领域	工业、居民、交通用能电气化，将发展氢还原炼铁、智能电网、数字化与智能化（自动驾驶、智能家居、服务机器人）等技术应用，以氢气、天然气、合成燃料、生物质燃料替代煤和油
脱碳领域	植树造林和直接空气碳捕集利用和封存

到2050年，因家庭、交通运输业、建筑业进一步电气化，电力需求将比目前增加30%～50%，为1.3万亿～1.5万亿千瓦时。将从低碳燃料如氢气以及化石燃料中回收和再利用二氧化碳，以满足供热需求。该战略强调，一方面，日本将最大限度部署可再生能源，另一方面，将大力发展

二氧化碳回收技术和氢能发电。但是，日本目前也面临一系列的技术应用障碍。关于可再生能源方面，面临可再生能源高比例并网，波动性、基础设施和成本控制等问题；关于碳捕集利用与封存技术等二氧化碳回收技术，相关技术依然处于开发、示范阶段，因此其应用取决于今后的技术和产业发展情况（图8-13）。

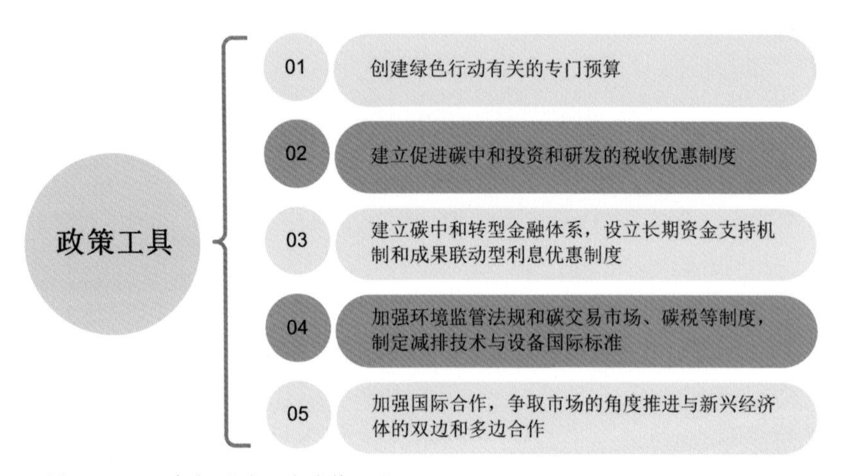

图8-13　日本主要采取的政策工具

第九章 中国碳中和行动

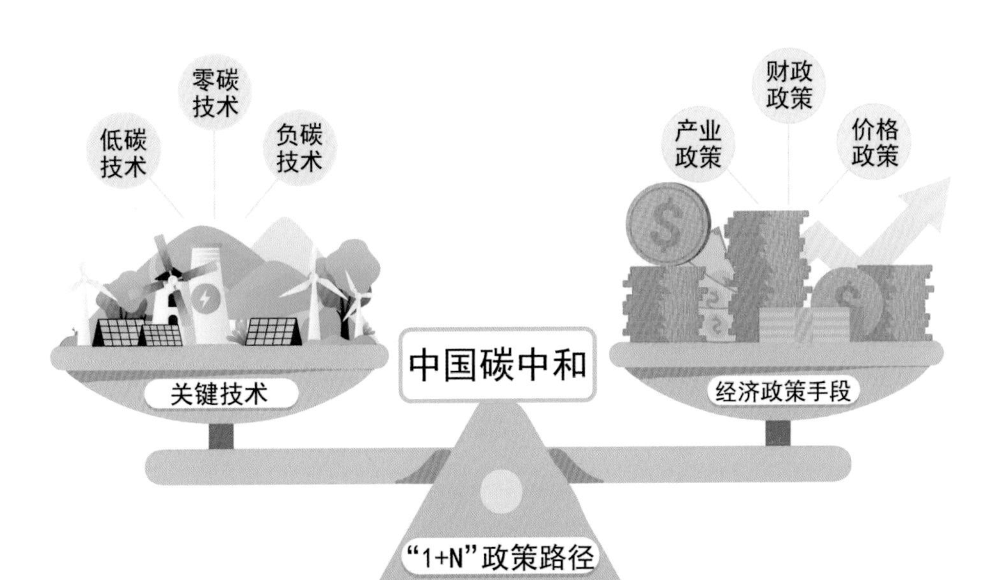

第一节 机遇和挑战

实现碳中和是我国实现生态文明的重要途径。首先，低碳转型事关我国能源安全。自1993年我国成为原油净进口国以来，国内能源进口量逐年提升。从2015—2018年平均年进口量为3亿吨，2020年更是达到了4.62亿吨。尽管已经布局了多条陆路、海路的全方位的油气进口通道，但能源对外依存度日渐提高，隐性危机增大。其次，以霾为首的各类环境问题日益突出，环境代价日趋严重，推进绿色低碳清洁发展迫在眉睫。当前我国能源体系高碳特征明显，以煤炭为主的化石能源在能源生产和消费结构中仍然占主导地位，2019年，煤炭消费占能源消费总量的比重为57.7%，粗放发展模式已经难以为继。在我国快速工业化的过程中，环境污染成本已超出自然承载的极限。第三，全球新一轮的科技革命和产业变革正在加速发展。以信息技术深度和全面应用为主线，新能源、材料和生物技术为翼的绿色产业创新是当前全球新一轮发展的特点。技术革命、绿色发展和全球价值链正在快速深入发展。必须紧抓时代机遇迎头赶上。

在2030年实现碳达峰、2060年前实现碳中和是我国经过深思熟虑作出的重大战略决策。这意味着中国作为世界上最大的发展中国家，将用全球历史上最短的时间实现从碳达峰到碳中和，完成全球最高碳排放强度的降幅。欧盟和日本基本在20世纪70年代左右实现了碳达峰并进入平台期，美国也在同时期进入相对稳定的碳排放平台期。这几个国家均宣布在2050年实现碳中和。总的来看，它们的碳达峰是一个自然的过程，碳达峰之后有一个漫长的平台期才开始缓慢下降，现在即将走向快速下降，然后走向碳中和，中国将在2030年实现碳达峰，2060年就要实现碳中和，与欧盟等承诺的从碳达峰到实现碳中和的70～80 年相比，中国承诺的碳中和时间与碳达峰时间间隔30年。而且，中国的碳达峰与碳中和之间并没有平台期缓冲，排放呈现快速上升然后陡然下降的路径。这个减碳速率对任何国家均是一场巨大的挑战。这意味着30年中中国需要长期的深度减排行动。实现碳中和，任重而道远。

中国的应对气候变化行动直接关系着全球气候治理的有效性。随着中国经济体量和产业转型升级的加快，与发达国家的正面竞争和博弈将加剧，国际形势更趋复杂多变。与此同时，更多国家希望中国分享新兴经济体的发展机遇，期待中国等新兴大国在解决全球性议题、应对全球危机、促进世界经济复苏中分担更多国际责任。长期以来，在全球气候治理中一直以欧盟为首的西方国家倡导“风险控制论”，从自上而下的议定书减排模式和全球的温升目标均是围绕这一目标的落实行动。2018年，习近平总书记提出共建生态文明与人类命运共同体，指出，“生态文明建设关乎人类未来，建设绿色家园是人类的共同梦想，保护生态环境、应对气候变化需要世界各国同舟共济、共同努力，任何一国都无法置身事外、独善其身”。生态文明的理念充分展现了中国积极应对全球气候变化、推动全球可持续发展的责任担当，增强了中国在全球气候治理中的主动权和影响力，为世界各国树立了标杆和典范。这一理念既是我国当前应对积极行动的最高指导，也应是全球气候治理的终极目标。

中国的碳达峰、碳中和之路不能照搬其他国家和地区的现有经验，只能“摸着石头过河”，在干中学，在实践中摸索。差异性意味着独特性。中国的碳达峰、碳中和实践是“用中国理论阐释中国实践”。中国将在发展不平衡不充分的条件下实现碳达峰，并在最短的时间内从碳达峰实现碳中和，这将是一场硬仗和大考。这就需要我们持续推动碳减排与经济社会协同发展，更加重视发展绿色能源产业，加快推进绿色低碳生产、生活方式，开展碳排放达峰行动。

第二节 政策与路径

自碳达峰、碳中和目标愿景提出以来，中国在多个场合表明实现碳达峰、碳中和目标的决心。党的十九届五中全会审议通过了《中共中央关于制定国民经济和社会发展第十四个五年规划和二〇三五愿景目标的建议》，把“制定二〇三〇年前碳排放达峰行动方案”作为“十四五”规划的重要内容。在这一新的历史条件下，加快制定碳达峰、碳中和的时间表和路线图，以顶层设计指引二氧化碳减排是中国实现绿色低碳可持续转型和履行国际承诺的重要任务和前提。2021年10月，中国先后发布提交了《中共中央国务院关于完整准确全面贯彻新发展理念做好碳达峰碳中和工作的意见》《国务院关于印发2030年前碳达峰行动方案的通知》《中国应对气候变化的政策与行动白皮书（2021）》《中国落实国家自主贡献成效和新目标举措》和《中国本世纪中叶长期温室气体低排放发展战略》，这五份文件针对不同层面和要求规划和设计了中国低碳转型工作，也向世界展示了中国实现碳达峰、碳中和目标的决心和行动力。

顶层设计引领碳达峰、碳中和

碳达峰、碳中和需要在“全国一盘棋”的工作思路下，发挥制度优势和市场优势，以协同适配的一揽子政策推进其实现。碳达峰、碳中和既关注能源电力、工业、建筑、交通等重点部门，也关注典型城市的引领作用；既需要差异化的行动方案，也需要东中西部地区之间要素禀赋的深度融合。除了巩固自上而下将减排目标层层分解至地方政府部门的传统做法外，也应通过碳定价等政策将减排责任压实至企业，并需要在科技政策、

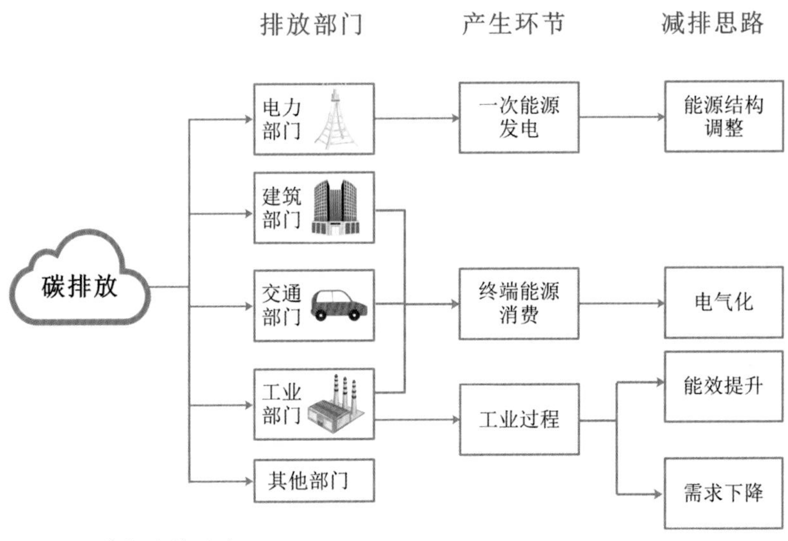

图9-1　节能减排思路

碳金融政策、投融资政策、区域协同政策、监管和评估辅之以配套政策（图9-1）。

在碳达峰、碳中和工作领导小组统一部署下，国家发展改革委员会同有关部门制定碳达峰、碳中和顶层设计文件，编制了2030年前碳达峰行动方案和分领域分行业实施方案，谋划金融、价格、财税、土地、政府采购、标准等保障方案，加快构建碳达峰、碳中和“1+N”政策体系。所谓“1”就是一个总体性的指导意见，“N”就是多个领域、多个方面的配套政策方案。碳达峰、碳中和政策体系采取“1+N”模式，有一个总体目标，明确基本原则，设定总体框架，然后再分领域分部门推出一系列相关配套的方案，共同形成一个完整的政策体系。“1+N”政策体系涉及能源、产业、交通、技术、金融等多个领域，转型和创新是其主旋律。其主要内容包括以下10个方面。

一是优化能源结构。能源活动排放的二氧化碳占我国温室气体总排放的80%左右，要推动能源革命，加快构建清洁低碳安全高效的能源体系和以新能源为主体的新型电力系统。严格控制化石能源消费，“十四五”时期严控煤炭消费增长，“十五五”时期逐步减少，合理调控油气消费，有序引导天然气消费。安全高效发展核电，因地制宜发展水电，大力发展风电、太阳能、生物质能、海洋能、地热能。加快抽水蓄能和新型储能规模化应用，提高电网对高比例可再生能源的消纳与调控能力。积极发展绿色氢能。推动工业、建筑、交通、公共机构等节能和提高能效。

二是推动产业和工业优化升级。工业部门占终端碳排放近70%，要加快低碳转型，力争率先达峰。坚决遏制高耗能、高排放行业盲目发展。“十四五”时期要严把新上项目的碳排放关，防止碳排放攀高峰。推动能源、钢铁、有色、石化、化工、建材等传统产业优化升级。发展新一代信息技术、高端装备、新材料、生物、新能源、节能环保等新兴产业。发展智能制造与工业互联网。控制氢氟碳化物等非二氧化碳温室气体在相关工业行业的排放。

三是推进节能低碳建筑和低碳基础设施。建筑部门占终端碳排放约20%，城市和乡村建设都要落实绿色低碳要求。合理控制建筑规模，杜绝大拆大建。推进既有居住建筑节能更新改造，持续提高新建建筑节能标准。加快发展超低能耗、近零能耗、低碳建筑，鼓励发展装配式建筑和绿色建材。在基础设施建设、运行、管理各环节落实绿色低碳理念，建设低碳智慧型城市和绿色乡村。

四是构建绿色低碳交通运输体系。交通部门占终端碳排放约10%，随着城镇化的推进和生活水平的提高，未来一段时期内还呈增长趋势，力争加快形成绿色低碳、多元立体的运输方式。优化运输结构，提高铁路、水运、海运、航空等低碳运输方式比重，建设绿色机场和绿色港口。优先发展公共交通等绿色出行方式。发展电动、氢燃料电池等清洁零排放汽车，建设加氢站、换电站、充电站。

五是发展循环经济。提高资源能源利用效率，从源头上实现经济发展与碳排放和污染物排放脱钩。加强该领域相关立法，坚持生产者责任延伸制度。推进产业园区循环化发展，促进企业实施清洁生产改造。提高矿产资源综合利用水平，推动建筑垃圾资源化利用。建设现代化“城市矿产”基地，促进再制造产业发展。推进生活垃圾和污水资源化利用。加强塑料污染全链条治理。建立完善让所有参与方都受益的商业模式。

六是推动绿色低碳技术创新。技术创新是实现碳达峰、碳中和的关键，要加快绿色低碳科技革命。研究发展可再生能源、智能电网、储能、绿色氢能、电动和氢燃料汽车、碳捕集利用和封存、资源循环利用链接、可控核聚变等成本低、效益高、减排效果明显、安全可控、具有推广前景的低碳零碳负碳技术。

七是发展绿色金融以扩大资金支持和投资。资金投入是实现碳达峰、碳中和的保障。建立健全有利于绿色低碳发展的财政投入体系，加大公共资金支持力度，发挥公共资金引导与杠杆作用，鼓励吸引社会资本参与绿色投资，设立相关产业投资基金。建立完善绿色金融体系，设立碳减排货币政策工具，补充完善《绿色债券支持项目目录》和《绿色产业指导目录》，支持金融机构发行绿色债券，创新绿色金融产品和服务。研究设立国家绿色低碳转型基金。

八是出台配套经济政策和改革措施。加快应对气候变化立法，健全生态环境、清洁能源、循环经济等方面法律法规和标准。深化电力体制改革。完善电价形成机制以及差别化用能价格政策，对节能环保、可再生能源、循环经济、低碳零碳等技术、产品、项目、企业在财政、税收、价格上实行鼓励性的政策。

九是建立完善碳交易市场。碳交易机制以尽可能低的成本实现全社会减排目标。2021年7月首先在电力行业启动了全国碳市场上线交易。并将逐步覆盖钢铁、石化、化工、建材、造纸、有色、航空等重点排放行业，将碳汇纳入碳市场，丰富交易品种和方式。

十是实施基于自然的解决方案。保护、修复、管理自然生态系统的相关行动，有助于增加碳汇、控制温室气体排放、提高适应气候变化的能力、保护生物多样性。不断强化森林、草原、湿地、沙地、冻土等生态系统保护，科学划定并严守生态保护红线，实施重大生态修复工程，持续推进大规模国土绿化。加强农田管理，发展生态绿色农业，提高气候适应能力，保障粮食安全。发展“蓝碳”，保护和修复海岸带生态系统，提升红树林、海草床、盐沼等固碳能力。

以上10个方面基本明确了我国实现碳达峰、碳中和的路径，将在“1+N”政策体系中具体化并做到可操作。我们已制定并基本完成了2030年前碳达峰行动方案，作为“1+N”政策体系“N”中为首的文件，其中重点规划实施“碳达峰十大行动”，即能源绿色低碳转型行动、节能降碳增效行动、工业领域碳达峰行动、城乡建设碳达峰行动、交通运输绿色低碳行动、循环经济助力降碳行动、绿色低碳科技创新行动、碳汇能力巩固提升行动、绿色低碳全民行动、各地区梯次有序碳达峰行动以及相关政策保障，确保实现2030年前实现碳达峰，2060年实现碳中和目标。

第三节　关键技术

科技创新是做好碳达峰、碳中和工作的关键和重要支撑。支撑碳达峰、碳中和的技术一般称为气候友好型技术或应对气候变化技术，其并不是单一技术，而是由一系列技术组成的系统性技术体系。碳达峰、碳中和技术因分类标准的不同而类别各不相同。按照技术减少碳排放的多少可将其分为低碳技术、零碳技术和负碳技术。

低碳技术

低碳技术是指以促进结构优化、节能减排、能效提升为目标，能够实现二氧化碳等温室气体排放大幅减少的一类技术。此类技术是目前碳达峰、碳中和的主体技术，涉及电力、交通、建筑、冶金、化工、石化等部门以及在可再生能源及新能源、煤的清洁高效利用、油气资源和煤层气的勘探开发、二氧化碳捕获与埋存等领域开发的有效控制温室气体排放的技术。如能源领域的超超临界发电等电力系统深度脱碳技术、工业领域的工业余热深度利用技术、建筑领域的绿色建材技术等（图9-2）。

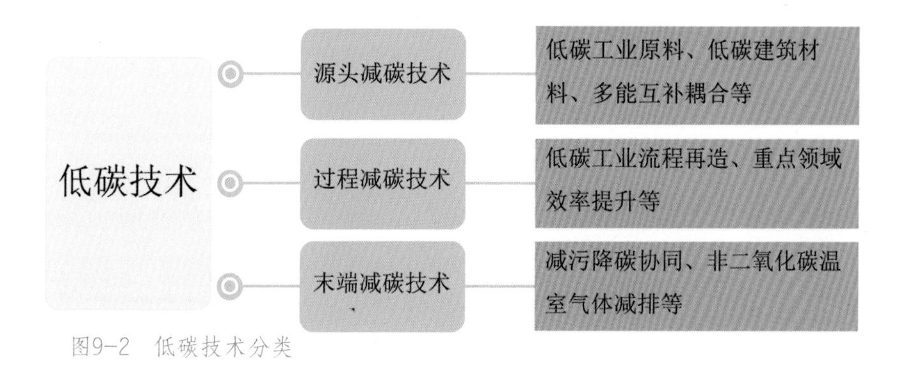

图9-2　低碳技术分类

零碳技术

零碳技术是以零碳排放为特征的一类技术，也是近年来关注度最高、发展速度最快、成本降低最为显著的技术类别。零碳技术主要分为两类，即零碳能源系统技术（主要包括生物质能、风能、太阳能、核能、氢能等能源技术以及二氧化碳捕获和封存技术）以及钢铁、化工、建材、石化、有色等重点行业的零碳技术。

风电是非常成熟的可再生能源发电技术，近年来装机规模迅速扩大，成本大幅下降（图9-3）。风电是利用风通过风力涡轮机提供机械动力来转动发电机以获取电能。风能是一种流行的、可持续的、可再生能源，与燃烧化石燃料相比，对环境的影响要小得多。风电场由许多单独的风力涡轮机组成，这些风力涡轮机连接到电力传输网络。陆上风电是一种廉价的

图9-3 风力发电

电力来源，与煤炭或天然气发电厂竞争，或在许多地方比煤炭或天然气发电厂便宜。海上风电比陆地上更稳定、更强，但建设和维护成本明显更高。风电属于间歇性能源，无法按需调度。在本地，它提供了可变的功率，每年都是一致的，但在较短的时间范围内变化很大。因此，它必须与其他电源一起使用才能提供可靠的电源。电力管理技术，例如拥有可调度的电源（通常是燃气发电厂或水力发电）、产能过剩、涡轮机地理分布、向邻近地区输出和输入电力、电网存储、在风力发电量低时减少需求以及削减偶尔过剩的风力，被用来克服这些问题。随着一个地区风电比例的增加，需要更多的常规电源作为后备。2019年风电发电量为1430太瓦时，占全球发电量的5.3%，全球风电装机容量超过651吉瓦，比2018年增长10%。

太阳能是将太阳光的能量转化为电能，可以直接使用光伏发电，也可以间接使用聚光太阳能，或者两者结合使用（图9–4）。聚光太阳能发

图9–4　太阳能发电

电系统使用透镜或镜子和太阳能跟踪系统将大面积的阳光聚焦成小光束。光伏电池利用光伏效应将光转换为电流。光伏最初仅用作中小型应用的电源，从由单个太阳能电池供电的计算器到由离网屋顶光伏系统供电的偏远家庭。商业聚光太阳能发电厂最早是在20世纪80年代开发的。随着太阳能发电成本的下降，并网太阳能光伏系统的数量已经增长到数百万，并正在建设千兆瓦级的光伏电站。太阳能光伏正迅速成为一种利用太阳可再生能源的廉价低碳技术。国际能源署在 2021 年表示，在其“到 2050 年净零”情景下，太阳能将占全球能源消耗的 20% 左右，太阳能将成为世界上最大的电力来源。

作为重要的零碳技术，在技术发展初期太阳能、风能的成本远高于火电，但两项技术发展速度极快，自2010年以来太阳能光伏发电、陆上风电和海上风电的成本分别下降了82%、39% 和29%，当前其度电成本已经接近火电。2015—2019年，风电、光伏装机容量显著增长，风电从130吉瓦增加到210吉瓦，装机容量占全球总容量的三分之一；光伏从42吉瓦增加到210吉瓦，光伏容量占全球总容量的四分之一。未来随着技术进步，光伏发电成本有望再下降30%。作为全球最大的可再生能源投资者，中国在这一领域无论是技术还是产业化发展都已是全球领先水平。

生物质能是指用植物或动物材料作燃料以产生电力或热量，包括木材、能源作物和来自森林、庭院或农场的废物等。IPCC将生物质能定义为一种可再生能源。2017 年，国际能源署将生物质能描述为最重要的可再生能源来源。生物质能具有易获得、灵活性等优势，精心设计的生物质能系统有巨大的潜力提供可持续燃料以减少二氧化碳排放。生物质能的经济成本较高，在目前相对成熟的供电技术中，生物质能的发电成本最高（超过0.6元），甚至高于核电。生物质能发电技术大规模应用，还受土地利用和水资源因素的制约。

核能的开发利用为各国低碳发展提供了一条可选路径，在二氧化碳捕获和封存技术尚未广泛覆盖和效率提高的情况下，核技术是有望实现零碳排放的为数不多的替代技术。核能在技术成熟性、经济性等方面具有很大的优势，但同时也面临来自供应链、经济性、安全性、政治因素、社会接受程度等多方面的挑战。

氢能。氢气直接燃烧或通过燃料电池发电的产物为水，能够实现真正的零碳排放，对环境不造成任何污染。目前成熟的制氢手段主要包括化石能源重整制氢、工业副产制氢以及电解水制氢三种。虽然通过碳捕捉与封存技术可有效降低化石能源制氢过程中产生的碳排放，但长期来看只有可再生能源电解水制备的“绿氢”才能实现真正的零碳排放。在“富煤、贫油、少气”的能源结构下，目前国内煤制氢的占比超过60%，电解水制氢的比例则不到2%。根据氢气的化学性质，科研人员发现它的热值是常见燃料中最高的（142千焦/克），约是石油的3倍，煤炭的4.5倍。这意味着如果消耗相同质量的各种燃料，氢气所提供的能量是最大的。热值高的特点将在交通工具实现轻量化方面发挥重要作用。交通、工业、建筑和氢能发电等成为氢能快速发展的主要行业，但目前尚未成熟，价值链高度复杂。低碳氢的生产要求可再生能源发电供能以及更低成本的电解槽发展，在储运方面未来的技术发展趋势尚不明显，且需求大量基础设施配合氢能利用。随着可再生能源或核能制氢技术的成熟、氢燃料电池核心技术的不断取得突破、充电和运输等相关基础设施的完善，氢能产业链将快速完善步入快速发展轨道。在未来，氢能的重要性将越来越强，并广泛应用于钢铁、建筑、交通运输等行业，作为原材料和供热能源协助难减排工业领域脱碳。

负碳技术

负碳技术是指从尾气或大气中捕获、封存、利用、处理二氧化碳的技术（图9–5）。负碳技术又可分为两类，一是增加生态碳汇类技术，利用生物过程增加碳移除，并在森林、土壤或湿地中储存；二是开发二氧化碳的捕集、封存、利用、转化等技术。二者均可使得大气中温室气体存量减少、浓度下降，相当于产生了“负”排放的一类技术。负碳技术的主要技术类别是二氧化碳移除技术，它是一类通过技术手段将已经排放到大气中的二氧化碳从大气中移除并将其重新带回地质储层和陆地生态系统的技术。负碳技术主要包括生物质能碳捕获和封存、造林和再造林、土壤碳固存和生物炭、增强风化和海洋碱化、直接空气二氧化碳捕获和储存、海洋施肥技术等。

碳捕集利用与封存技术对能源转型具有重要影响，将能够实现化石燃料的持续使用和减缓化石燃料退出速度，缓解因化石燃料退出所造成的社会影响。目前我国碳捕集利用与封存技术项目处于示范阶段，2021年7月5日我国首个百万吨级碳捕集利用与封存技术项目——齐鲁石化—胜利油田碳捕集利用与封存技术项目开始建设，按该项目参数计算，建成后可每年

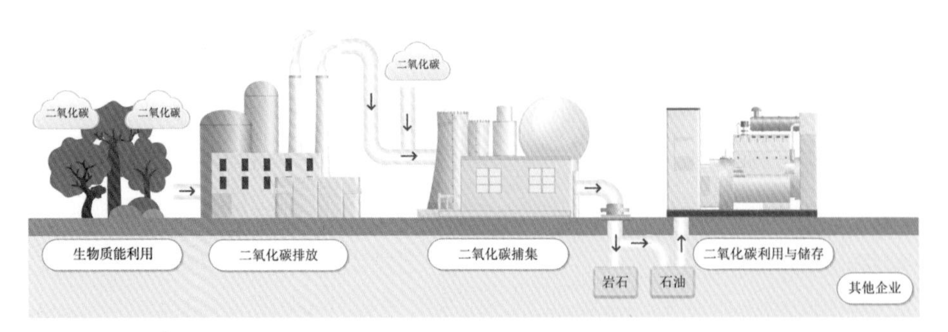

图9–5　碳捕集利用与封存技术示意图

减排二氧化碳100万吨，相当于植树近900万棵、近60万辆经济型轿车停开一年。研究表明，中国未来有大约10亿多吨碳排放量要依靠碳捕集利用与封存技术来实现中和，需加强碳捕集利用与封存技术+新能源、碳捕集利用与封存技术+氢能、碳捕集利用与封存技术+生物质能等前沿和储备性技术攻关，可有力推进化石能源洁净化、洁净能源规模化、生产过程低碳化。

第四节　主要经济政策手段

综合运用经济、科技、法律、行政等手段是促进我国经济社会绿色低碳转型和高质量发展的必要条件。

产业政策。产业政策是国家制定的，引导国家产业发展方向、引导推动产业结构升级、协调国家产业结构、使国民经济健康可持续发展的政策。产业政策主要通过制定国民经济计划（包括指令性计划和指导性计划）、产业结构调整计划、产业扶持计划、财政投融资、货币手段、项目审批来实现。增加鼓励绿色低碳发展的内容，支持绿色低碳循环产业的发展，控制限制类产业生产能力，淘汰高能耗重污染的落后产能。积极推进国家重大生产力布局规划内的资源保障、重化工项目实施。鼓励发展低碳工业，使之成为有利可图的新兴领域。高碳工业发展难以为继，不仅仅是不可再生的化石能源资源的储量有限，大量的二氧化碳排放也将影响人类的生存环境。发展低碳工业成为世界各国可持续发展的必然选择。从高碳工业向低碳工业转型是一个漫长过程，毕竟高碳的工业体系是庞大而又稳固的，传统工业对化石能源的依赖不可能在短期改变。由于低碳工业必须建立在低碳或无碳能源基础之上，相关基础设施建设不仅需要巨额投资，也要较长的建设周期。要根据节约资源、能源和保护环境的要求以及行业资源环境绩效标准，规定并实施更加严格的市场准入标准。建立国家气候投融资项目库，建立低碳项目资金需求供给对接平台，加强低碳领域的产融合作。推动低碳产品采购和消费，不断培育市场和扩大需求。

财税政策。财税政策是重要的经济政策，包括收入分配、税收政策以及投资等；科学的财税体制是优化资源配置、促进社会公平、实现国家长治久安的保障。调整煤炭、原油、天然气资源税税额标准，调整乘用车消费税税率；通过税收杠杆抑制不合理需求，提高高碳资源的使用成本，促进资源节约高效；发挥财政资金的引导作用，吸引社会资金投入到碳中和目标实现中。实施节能技术改造、建筑供热计量及节能改造、污染物减排能力建设等"以奖促治"政策，实施节能节水环保设备、资源综合利用、增值税减免等优惠政策，调整抑制"两高"产品出口的税收政策。应着手研究开征碳税的可行性，以增强企业、公众等对气候变化这一全球性问题重要性和紧迫性的认识。

价格政策。价格是市场机制的核心要素，企业是市场配置资源的行为主体。应深化资源性产品价格形成机制改革，建立反映市场供求关系、稀缺程度和环境损害成本的价格形成机制。推行用电阶梯价格，实行惩罚性价格。全面推行燃煤发电机组脱硫、脱硝电价政策，鼓励开展二氧化碳去除的技术研发与应用。建立有效调节工业用地和居住用地比价机制，提高工业用地价格，减少由于房价上涨引致的财富由中低收入购房者向富人的转移，体现"房子是用来住的"政策导向，避免贫富差距过大埋下社会稳定的隐患。

碳市场。碳排放权交易是一种利用市场的力量来达到控制二氧化碳等温室气体排放量的政策。最早由美国经济学家戴尔斯1968年在其《污染，财产和价格：政策制定和经济学》一书中提出。在书中戴尔斯依据科斯定理，将产权概念引入到环境污染的控制研究，提出了排污权交易。1997年通过的具有法律约束力的补充条款《京都议定书》，建立了以《公约》作为依据的温室气体排放权市场交易机制。目前国外主要的碳排放权交易制度有：欧盟排放权交易制度、美国的加利福尼亚州排放权交易制度和区域温室气体排放倡议交易制度（包括美国东北部和东海岸线中部的9个州）、新西兰碳排放权交易制度。

2011 年10 月，国家发展改革委印发了《关于开展碳排放权交易试点工作的通知》，批准北京、上海、天津、重庆、湖北、广东和深圳7省市开展碳交易试点工作。2014 年12 月，国家发展改革委印发《碳排放权交易管理暂行办法》，宣布全国统一的碳排放权交易市场于2017 年底建立。经过几年试运行，2020 年底， 生态环境部正式发布《碳排放权交易管理办法（试行）》《2019—2020 年全国碳排放权交易配额总量设定与分配实施方案（发电行业）》以及《纳入2019—2020 年全国碳排放权交易配额管理的重点排放单位名单》。2021年7月16日，全国碳排放权交易在上海环境能源交易所正式启动，标志着全球最大的碳市场正式投入运行。

碳交易作为市场化的减排机制，相比传统的财政补贴等政策， 在节约成本、促进技术创新和调动企业积极性方面都具有更好的优势。碳市场对低碳绿色发展还具有直接融资功能。然而，从试点情况看，发放的配额剩余存量较大，碳价较低，交易活跃度低、碳配额衍生品缺乏、总交易量小，控排企业和其他市场主体基于碳配额开展投融资活动的动力不足，碳市场的作用和优势还未充分发挥。中国承诺2030年前实现碳达峰、2060年前实现碳中和目标已经明确，需要尽快制定碳达峰、碳中和战略规划，确定全国总量控制目标、配额分配机制，明确各层级的减排任务和企业等市场主体的配额。这是碳市场交易和碳定价有效发挥作用的前提，也是碳金融创新的基础。未来，碳市场还将从电力行业扩展到石化、建材、钢铁等行业，提高碳市场活跃度，提高金融机构的参与度，包括培育碳资产管理公司和专业的投资者，开发碳期货等碳金融产品。不断完善碳交易市场，形成合理的碳定价机制，对于实现碳达峰、碳中和目标至关重要。

碳税。碳税是国际上典型的财税型低碳发展政策，虽然国内目前尚未正式推出碳税征收制度，但是现有文献利用政策评估模型对碳税制度进行了情景分析并发现，实施碳税不仅有利于实现二氧化碳排放量减少的政策目标，同时还可以促进中国能源结构优化。需要注意的是，大部分研究中所设置的碳税情景，在一定程度上高估了碳税政策的影响效应，需要对企业进行深入调研，从而为下一阶段的碳税模拟提供更符合实际的模拟设计。

第五节　城市碳减排

城市作为人口和经济活动聚集的中心，城市运转大量消耗化石能源，因此城市是二氧化碳排放的主要来源。城市二氧化碳排放量增长与城市经济增长、人口迁移和人口密度、工业化水平、资本投资等因素密切相关。目前全球城市人口占总人口不足60%，能源消费和温室气体排放占比为75%~80%。因此，城市对于实现碳达峰、碳中和目标负有特殊责任，也在技术、经济、环境意识和社会动员等方面具有独特的优势。截至2019年9月，全球有超过100个城市承诺将在2050年实现净零碳排放，一些城市如墨尔本、哥本哈根、斯德哥尔摩等则采取更为积极的政策行动，提出了更有雄心的目标。城市规模、产业结构、经济水平、技术进步和对外开放水平对城市的碳排放均有显著影响。城市规模的扩大有利于降低碳排放强度，产业结构向高级化演进有助于抑制碳排放，本地经济水平的提升可减少本地及邻近城市的碳排放。城市可采取如提升能源利用效率、降低能源强度的能源导向，加快形成多领域的协同联动机制和地区间的节能减排政策，合理引导居民消费，鼓励低碳生活等方式实现碳达峰、碳中和目标。

城市的碳达峰是碳中和的第一步。首先要明确并非峰值越高、城市发展空间越大。碳排放具有锁定效应，碳中和存在一定刚性，所以碳达峰时间越早、峰值越低，对城市实现碳中和就越有利。各城市应明确碳达峰时间，支持有条件城市在“十四五”时期尽快达峰。其次，碳达峰、碳中和的深层次问题是能源问题，要求非化石能源高比例发展，加快建设以风能、水能、太阳能、生物质能、潮汐能、第三代核能等可再生能源为主体的能源体系，以降低单位能源碳排放强度，推动新发展格局能源、环境目标的实现。城市是产业、能源消费和人口的集聚地，推动城市能源消费结构的改善，最终形成净零碳的发展模式，需要在城市规划、建筑设计、交通布局等多领域进行技术改造和政策创新。最后，经济新常态下，我国城镇化进入由速度型向质量型深入发展的关键时期。《国家新型城镇化规划（2014—2020年）》首先正式提出了以人为本的城镇化建设思路，党的十九大报告又进一步提出了新发展理念和区域协调发展战略。零碳城市建设与新型城镇化的指导思想一致，在新发展格局下，“新基建”、乡村振兴、旧城改造等政策也将倒逼可再生能源技术创新和产业落地，形成良性闭环。

第十章 共创人类命运共同体

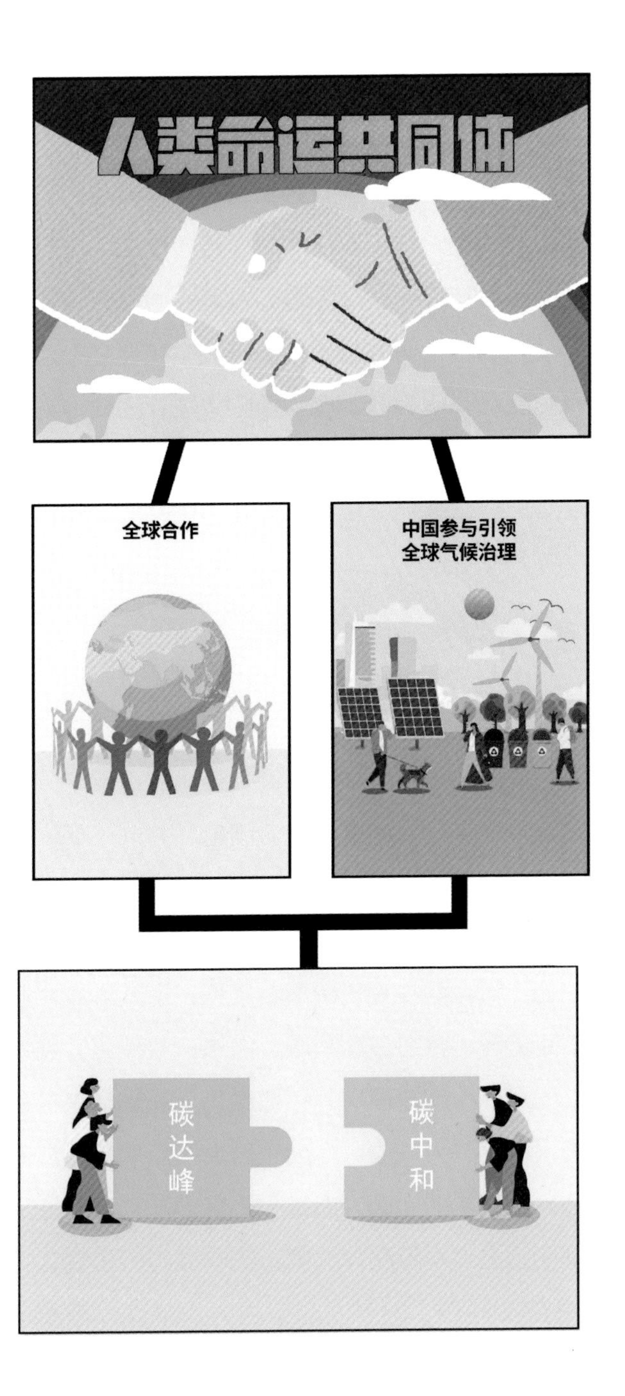

全球气候治理是以各主权国家为主，多个利益相关方共同参与，通过气候公约机制和公约外机制，共同应对气候变化的国际合作模式。应对气候变化，控制温室气体排放在某种程度上有可能限制发展空间，影响各国的经济和政治利益，也可能成为国际合作的重要领域。人类社会必须理性地通过国际制度安排应对气候变化，明确各国应承担的责任，同时推动国际合作，实现人类社会发展与保护全球气候的共赢。

第一节　碳中和离不开全球合作

气候变化的问题特殊复杂，治理空间和范围庞大，历史责任是气候变化的一个重要前提。气候变化问题的特殊复杂性具体表现为三点。第一，气候问题时间周期长。当前国际社会面临的全球变暖问题，并非一朝一夕形成，而是经过了相对较长的时间周期。如果从人类活动对气候变暖的影响来看，大气中二氧化碳浓度增加主要从第一次工业革命开始，经过200多年的时间，人类活动产生的二氧化碳在大气中不断累积，逐渐形成“温室效应”，从而使海平面不断上升、冰川逐渐消融、海水日益酸化、极端自然灾害经常发生。第二，气候变化的治理空间和范围大。从空间来看，人类活动产生的二氧化碳进入不同的大气层，在大气层中不断累积；从范围来看，气候变化问题并非一个国家的问题，而是一个区域性和全球性的问题，任何一个国家在减排问题上“拖后腿”，都会影响减缓气候变化的成效。解决这样一项全球外部性问题，对各个国家的合作条件、合作形式、合作成效的要求都较高，难度异常大。第三，气候变化问题具有不确定性。尽管以IPCC为主导的气候变化研究团队已经得到了国际社会的普遍认同，但其现阶段的研究方法、观测手段、机理认识等仍存在一定的局限性，导致气候变化的减排目标和排放空间数值存在较大的不确定性。

减排的责任认定分歧明显，不同经济体利益博弈显著。尽管气候变化国际合作已经达成了如《公约》《巴黎协定》等具有法律约束力的规则，也形成了“共同但有区别”的减排责任，但发达国家和发展中国家关于减排的责任分歧依然较大。减排的责任认定应该体现公平、公正的原则。从人均历史累积排放（吨二氧化碳/人）来看，排名前五的国家分别为：英国（1191.5吨二氧化碳/人）、美国（1165.3吨二氧化碳/人）、德国（1040.5吨二氧化碳/人）、俄罗斯（771.7吨二氧化碳/人）和法国（539.5吨二氧化碳/人），而作为发展中国家的中国仅为112.0吨二氧化碳/人（图10–1），“共同但有区别的责任”符合公平发展的原则，也是各国履行国际环境条约的基础。但从历次气候变化国际谈判来看，每个国家都在气候谈判桌上寻求的“利益”筹码各自不同。作为上游资源国，传统能源的去化意味着其在全球能源战略地位的丧失。所以沙特阿拉伯、澳大利亚、土耳其、俄罗斯等国家，他们减排的目标强度和意愿最低。而以发展中国家为主的生产国，以生产作为经济增长动力的他们往往也是碳排放的主力，减排的压力较大。能源转型的主要问题是成本上升和技术突破，因此需求在于资金和技术支持。比如印度、中国等敦促发达国家确保2020年前每年提供1000亿美元资金支持的承诺不至流于形式；非洲集团则倡议发达国家2030年前向非洲提供30吉瓦可再生能源等。以发达国家为主的消费国，消费主导和产能外移使得能源的转型对消费国的经济冲击最小。因此他们更强调建立有雄心的减排目标，却对历史责任和出资避而不谈。

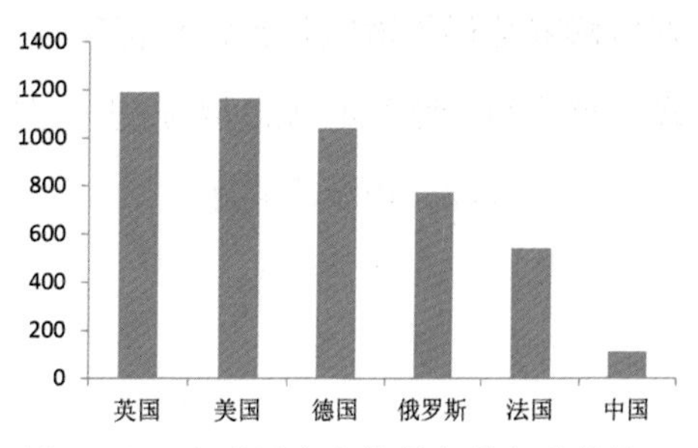

图10-1 主要国家人均历史累积碳排放（吨二氧化碳/人）

应对气候变化急需全球合作。目前，参与减缓全球气候变化的国家主要以发展中国家为主。由于发展中国家所处的发展阶段不同，单靠自身力量难以完成减排目标。资金问题是发展中国家的重要关切，也是检验发达国家是否切实承担历史责任的重要标准。2009年的哥本哈根气候变化大会首次提出了资金目标，即发达国家承诺在2010—2012年提供300亿美元快速启动资金，从2020年开始，每年动员1000亿美元长期资金用于发展中国家应对气候变化。尽管巴黎气候变化大会中对每年1000亿美元的资金支持予以了保留，但发达国家就如何分摊出资并未达成共识，也未就2020年每年1000亿美元的资金目标规划出清晰的实现路径。2021年第26次气候变化缔约方大会上，印度宣布了到 2070 年实现净零排放的承诺，并公布了为实现这一目标而做出的重要近期承诺。此前印度也在其国家自主贡献中提出了高额的应对气候变化资金缺口。除印度外，十几个较小的国家也做出了净零承诺，包括：毛里塔尼亚（到 2030 年实现碳中和，条件是获得国际支持）；以色列、越南、卢旺达、立陶宛和黑山（全部到 2050 年实现碳中和）；尼日利亚（到 2060 年净零）；乌克兰（到 2060 年实现碳中和）。总的来说，覆盖全球 70% 以上排放量的国家现在已经通过法律、政策文件或明确的政治承诺设定了净零排放目标。但支持发展中国家的气候资金却远没有到位。正如中国气候变化特使解振华指出，“当前应对气候变化最关键的是光定目标不行，光喊口号不行，关键是在各国的行动，这个行动路径必须是清晰的，必须要在经济社会进行转型，要创新，要合作，才能真正解决问题。”

第二节 中国参与和引领全球气候治理

全球气候治理是全球生态文明建设的重要构成，也是构建人类命运共同体的重要领域。党的十九大报告首次把引领气候治理和全球生态文明建设写进党的报告，指出中国要“引导应对气候变化国际合作，成为全球生态文明建设的重要参与者、贡献者、引领者”，并向全世界表明，中国将积极参与全球环境治理，落实减排承诺。全球气候治理具有长期性、综合性、复杂性等特点，推动生态文明建设，引领全球气候治理，是中国新形势下参与全球气候治理的重大课题，对全球气候治理范式转变具有重大意义。中国应立足国情，主动探索，积极创新，引领引导有机结合，积极推动全球气候治理有序开展，取得实效（图10–2）。

2015	2016.9	2020.9	2020.12	2021.9	2021.10
习近平主席出席巴黎气候变化大会并发表重要讲话，为达成2020年后全球合作应对气候变化的《巴黎协定》作出历史性贡献	习近平主席亲自交存中国批准《巴黎协定》的法律文书，推动《巴黎协定》快速生效，展示了中国应对气候变化的雄心和决心	习近平主席在第七十五届联合国大会一般性辩论上宣布中国将提高国家自主贡献力度，表明了中国全力推进新发展理念的坚定意志，彰显了中国愿为全球应对气候变化作出新贡献的明确态度	习近平主席在气候雄心峰会上进一步宣布到2030年中国二氧化碳减排、非化石能源发展、森林蓄积量提升等一系列新目标	习近平主席出席第七十六届联合国大会一般性辩论时提出，中国将大力支持发展中国家能源绿色低碳发展，不再新建境外煤电项目，展现了中国负责任大国的责任担当	习近平主席出席《生物多样性公约》第十五次缔约方大会领导人峰会并发表主旨讲话，强调为推动实现碳达峰、碳中和目标，中国将陆续发布重点领域和行业碳达峰实施方案和一系列支撑保障措施，构建碳达峰、碳中和“1+N”政策体系

图10–2 中国在推动全球气候治理过程中的主要历程

第一，做全球气候治理正义的维护者。党的十九大报告提出了人类共同面临气候变化等许多领域非传统安全威胁持续蔓延的挑战，全球气候治理成为国际社会面临的共同任务。但在传统全球治理体系中，西方发达国家及其集团一直占主导地位，包括当今在气候治理领域也在争取主导话语权。中国作为全球第二大经济体，也是最大发展中国家，完全应当与新兴国家站在一起积极参与全球治理，秉持全球气候治理正义，扩大发展中国家的话语权。在国际气候治理中，中国始终坚持共同但有区别的责任和公平原则、坚持可持续发展、坚持多边主义、坚持合作共赢、坚持言出必行。

第二，做全球气候治理机制的促进者。中国为推动《巴黎协定》通过所采取的积极努力赢得了国际社会的高度评价。围绕如何实现《巴黎协定》目标，促进各缔约国在减缓、适应、资金和技术等方面进一步协商和制定更具体、更细化的全球气候治理规则。在国际合作中，贡献中国方案，携手各方共建绿色丝绸之路，强调积极应对气候变化挑战，倡议加强在落实《巴黎协定》等方面的务实合作。2021年，中国与28个国家共同发起“一带一路”绿色发展伙伴关系倡议，呼吁各国应根据公平、共同但有区别的责任和各自能力原则，结合各自国情采取气候行动以应对气候变化。从构建人类命运共同体和维护人类共同利益出发，积极促进国际社会平等协商，倡导和推动制定全球气候治理新规则，有效促进各国尤其是发达国家依约履行气候治理责任，推进相应措施有效落实，以实现全球气候治理目标，共同保护好人类赖以生存的地球家园。

第三，做全球气候治理的积极贡献者。党的十九大报告向世界表明，我国将积极参与全球环境治理，落实减排承诺。2015年，中国确定了到2030年的自主行动目标：二氧化碳排放2030年左右达到峰值并争取尽早达峰。截至2019年底，中国已经提前超额完成2020年气候行动目标。2020年，中国宣布国家自主贡献新目标举措：中国二氧化碳排放力争于2030年前达到峰值，努力争取2060年前实现碳中和；到2030年，中国单位生产总值二氧化碳排放将比2005年下降65%以上，非化石能源占一次能源消费比重将达到25%左右，森林蓄积量将比2005年增加60亿米^3，风电、太阳能发电总装机容量将达到12亿千瓦。相比2015年提出的自主贡献目标，时间更紧迫，碳排放强度削减幅度更大，非化石能源占一次能源消费比重再增加5个百分点，增加非化石能源装机容量目标，森林蓄积量再增加15亿米^3，明确争取2060年前实现碳中和。2021年，中国宣布不再新建境外煤电项目，不仅展现中国应对气候变化的实际行动，也同时影响着国际气候治理进程。中国在全球气候治理领域的积极贡献，会给国际社会作出有力示范，也会增加国际社会对中国引领全球气候治理的认同。

第四，做全球气候治理的广泛合作者。全球气候治理是国际社会的共同任务，实现全球气候治理目标，需要国际社会广泛而持续的合作。2014年以来，中国在气候变化的国际舞台上，通过二十国集团、金砖、亚洲太平洋经济合作组织、中美、中欧、中法对话等平台，以更加积极开放的姿态与其他发达国家合作，先后形成《中美气候变化联合声明》《中欧气候变化联合声明》《中法元首气候变化联合声明》等一系列成果文件，为应对气候变化领域的全球合作注入了积极因素，显示了中国在气候外交上更加灵活务实的姿态。在《巴黎协定》生效后，广大发展中国家在减缓与适应气候变化方面将会面临更多挑战。中国不仅需要主动承担与我国国情、发展阶段和实际能力相符的国际义务，而且需要大力倡导国际社会合作应对气候变化，进一步加大气候变化南北合作，利用好中国气候变化南南合作基金项目，帮助其他发展中国家提高应对气候变化能力，促进更多发达国家向发展中国家提供更多支持，并促进国际社会向发展中国家转让气候治理技术，为发展中国家技术研发应用提供支持，促进绿色经济发展。在美国重返《巴黎协定》后，中美再次在第二十六次缔约方会议上发布了《中美关于在21世纪20年代强化气候行动的格拉斯哥联合宣言》。两个最大的温室气体排放国再度携手共同努力合作，促进《巴黎协定》的实施，助力多边进程走向全球碳中和。

第五，做全球气候治理的科技创新者。破解全球气候变化问题关键还是要依靠科技进步。《巴黎协定》生效后，发展中国家在全球碳减排中扮演着十分重要的角色，但却缺乏先进的技术来实现减排目标，而发达国家拥有较多先进技术但推广应用有限。中国一方面加强应对气候变化科技创新，大力加强节能降耗、可再生能源和先进核能、碳捕集利用和封存等低碳技术、绿色发展技术的研发、应用和推广；另一方面还充分利用先进的科学技术深化国际合作，积极推进南北对话、沟通与协调，推动国际社会形成更加符合维护全球气候安全需要的技术合作机制，促进全球气候治理技术的深入研究和深度推广运用。

正如《中国应对气候变化的政策与行动》白皮书所言，当前，中国已经全面建成小康社会，正开启全面建设社会主义现代化国家、实现中华民族伟大复兴的新征程。应对气候变化是中国高质量发展的应有之义，既关乎中国人民对美好生活的期待，也关系到各国人民福祉。面对新征程，中国将立足新发展阶段，贯彻新发展理念，构建新发展格局，推动高质量发展，将碳达峰、碳中和纳入经济社会发展全局，以降碳为生态文明建设的重点战略方向，推动减污降碳协同增效，促进经济社会发展全面绿色转型，推动实现生态环境质量改善由量变到质变，努力建设人与自然和谐共生的现代化。

第三节 人人助力碳中和

碳中和不仅需要政府和企业行动起来，也是与我们的日常生活息息相关，我们的日常生活也是碳排放的重要排放源。2020年12月9日，联合国环境规划署发布的《2020排放差距报告》专门有一章探讨如何通过公平低碳的生活方式来弥合排放差距。按消费侧排放计算，全球约三分之二的碳排放都与家庭排放有关。而且个人的碳排放存在巨大差异，一部分穷人不能满足基本需求，另一部分富人过度消费。全球最富有的1%人口的排放量是最贫穷的50%的人口的总排放量的两倍以上。深度脱碳路径项目确定，要实现碳中和目标，需要在全球范围实现公平低碳生活，到2030年需要将人均消费侧碳排放控制在2~2.5吨二氧化碳当量，到2050年进一步减少到0.7吨。那么，当我们想为碳中和贡献一己之力，如何从衣食住行等日常生活中来开启低碳生活，发现减排潜力，更早实现碳中和目标？生活方式的改变是持续减少温室气体排放和弥合排放差距的先决条件。具体量化的话我们可以通过计算自己的碳足迹，也就是个人在生活中产生的温室气体数量，包括二氧化碳、甲烷、一氧化二氮等气体。对个人碳足迹的计算，目前已经有很多网站可以提供专门的“碳足迹计算器”。碳足迹计算器可以显示通过采取其中一些步骤，我们可节省多少碳和金钱。借此为参考，社会公众就可规划个人的节碳举措。个人生活排放涉及衣食住行，以下是在这个四个方面减少碳足迹、助力碳中和的简单具体实操方法。

服装精减，避免过度消耗

服装在生成、加工和运输过程中，每件衣服都在多个运转环节中，要消耗大量的能源，从而产生碳排放。在服装面料上，尽量选择天然纤维材料的衣物、棉质衣物，因为化纤衣物碳排放量更大；在款式选择上，尽量不要选择时尚衣物，现如今处理不必要的衣物已成为全球性问题，过时的时尚廉价物品很快就会被倾倒在垃圾填埋场中，在分解时会产生甲烷。因此，要购买经久耐用的优质服装、再生服装，对闲置衣物二次利用或捐赠他人。旧衣服还可以再利用，旧衣通过一定的处理，如剪裁、缝纫等可变

图10-3 服装精减，避免过度消耗

成生活中所需的其他物品，包括抹布、墩布、口袋等，既可以避免旧衣被当做垃圾扔掉，对环境造成污染，同时又可以开发出新的用途，同样也避免了新物品的购买造成碳排放。在购买数量上也要适量减少，少买一件不必要的衣物就可以减少2.5千克的二氧化碳的排放，对于一生中只能穿一次的婚纱、穿着机会有限的晚礼服等，没有购买的必要，租用才是最低碳的选择（图10-3）。

在衣物洗涤上，可以选择多用手洗代替机洗，用冷水洗衣服。一件衣服76％的碳排放来自其使用过程中的洗涤、烘干、熨烫等环节。洗涤过程耗费大量水和能源，而由机洗改为手洗后可以降低碳排放。用手洗代替一次机洗，可以减排0.26千克二氧化碳。冷水洗涤剂中的酶旨在在冷水中更好地清洁。每周用冷水而不是热水或温水洗两次衣服，每年最多可以节省200千克左右的二氧化碳！

食物精致，合理规划膳食

饮食消费中产生的碳排放是不容忽视的，在饮食结构里，从农业生产、食品加工、运输到仓储等环节中都会直接或间接产生碳排放。目前国际上人均肉类的消费量已经超过健康水平，这无论是对于人体健康还是对全球环境都有着严重的威胁。所以，从健康角度和碳中和的角度来看，改变膳食结构都是必要的。

在饮食构成中，我们可以选择多吃“食物链低端”，例如主要吃水果、蔬菜、谷物和豆类。因为肉类和奶制品占全球人造温室气体排放量的14.5%，主要来自饲料生产和加工以及牛羊自身排出的甲烷（在100年间，在大气中增温能力是二氧化碳的25倍），一天内放弃肉类和奶制品，一个人碳足迹可以减少3.624千克，即每年减少1322.76千克。我们可以将每周的其中一天，设为“无肉日”，选择时令的、有机的、当地的食物。因为从远处运输食物，无论是通过卡车、轮船、铁路还是飞机，都使用化石燃料作为燃料和冷却，减少食物运输距离，便能降低运输过程中产生的二氧化碳的排放。在食物中，应尽量选择新鲜食材，少吃加工食品，因为其加工过程中也会产生大量的碳排放（图10-4）。

废弃食物的处理，如焚烧、堆肥、沼气和饲料生产等，最终会生成大量的甲烷和二氧化碳，即使填埋处理也会增加温室气体排放。提倡通过提前计划膳食、冷冻多余食物和重复利用剩菜来减少食物浪费。食物垃圾堆肥分好类，这样便于后期集中处理，增加各类回收利用率，较少碳排放。践行“光盘”行动理念，减少食物损耗与浪费，将对实现碳中和目标发挥重要的作用。

图10-4 食物精致，合理规划膳食

居家精算，减少资源浪费

在居住方面也能助力碳中和吗？答案是肯定的，首先你需要对自己居住房屋进行能源使用评估，这将显示如何使用或浪费能源，并帮助确定提高能源效率的方法。将白炽灯泡（其90%的能量以热量形式浪费掉）换成发光二极管（LED）灯。尽管LED成本更高，但它们只使用四分之一的能量，而且使用寿命长达25倍。它们也比紧凑型荧光灯灯泡更可取，后者将80%的能量以热量的形式释放并含有汞。不使用电子设备的时候拔掉插头，以及离开房间及时关灯；冬天调低恒温器，夏天调高；夏天少用空调选择需要较少电力的风扇；将热水器的温度调低至48℃，这样每年可以减少约250千克二氧化碳的排放；安装低流量淋浴喷头，以减少热水使用，缩短淋浴时间，可减少约160千克二氧化碳的排放。精简生活中购物数量，并尽可能购买二手或回收物品。购物时自备可重复使用的袋子，尽量避免包装过多的物品。如果购买电器、照明、办公设备或电子产品，请寻找能源之星产品，这些产品经认证具有更高的能效，支持和购买对环境负责和可持续发展友好的公司。如果需要购买新电脑，可以选择笔记本电脑而不是台式机，因为与台式机相比，笔记本电脑需要更少的能量来充电和运行（图10–5）。

图10-5 居家精算，减少资源浪费

尽可能使用可重复容器和环保袋批量购买食品，减少瓶装水的使用，减少一次性包装使用。瓶装水便于携带，但是产生大量一次性塑料和包装，造成生态污染，并产生大量的碳排放。瓶装水的包装生成过程、运输和冷藏等多个环节，都会在每年消耗超过千万桶石油，而进口瓶装水在运输过程中所消耗的能源甚至超过生产所需要的能源总量。

交通精选，实现低碳出行

改变出行方式可以显著减少碳排放。尽可能步行、乘坐公共交通工具、拼车或骑自行车前往目的地，减少开车次数，这不仅可以减少二氧化碳排放，还减少了交通拥堵和随之而来的发动机空转。如果你必须开车，避免不必要的刹车和加速。一些研究发现，与持续、平静的驾驶相比，激进的驾驶会导致40%的燃料消耗。照顾好你的车，从汽车上卸下额外重量，保持轮胎适当充气可以将燃油效率提高3%。使用电子地图等交通应用程序来帮助避免陷入交通拥堵。长途旅行，开启定速巡航，可以省油。开车时少用空调，即使天气很热。如果购买新车，请考虑购买混合动力或电动汽车，但也要考虑汽车生产和运营过程中的温室气体排放。由于制造影响，一些电动汽车最初要承担比内燃机汽车更多的排放，但三年后他们减少的碳排放量可以抵消掉制造产生的碳排放。由于电力越来越多地来自天然气和可再生能源，一辆汽车平均每年仍会产生约5吨二氧化碳（因车型、燃料效率和驱动方式而异）。因此低碳出行是帮助减少碳排放较有效的方法（图10-6）！

如果你是为了工作或旅行而飞行，那么航空旅行可能是碳足迹的最大部分。尽可能避免飞行，在短途旅行中，驾驶可能排放更少的温室气体；减少转机次数，选择不间断飞行，因为着陆和起飞使用更多的燃料并产生更多的排放；选择经济舱，因为头等舱的碳排放量是经济舱的九倍，商务

图10-6 交通精选，实现低碳出行

舱的排放量几乎是经济舱的三倍，而在经济舱中航班的碳排放由更多乘客分担。如果你不能避免飞行，可以通过其他方式抵消你旅行的碳排放。

此外，人的需求也是多层次的，在物质需求之外还有精神需求，精神层面的满足并不依赖更多的物质消费。厉行节约和反对铺张浪费作为中华民族传统美德，影响着中国人的低碳行为，客观带来了低碳生活的结果。随着生活水平的提高，勤俭节约的传统美德完全可以与低碳生活的现代价值观有机结合，追求更加健康、舒适、便捷的生活方式。最有效的气候变化解决方案需要每个人积极参与到行动中，尽快逐步淘汰化石燃料的使用并使国家脱碳（图10–7）。

图10-7 消费者行为助力碳达峰、碳中和

参考文献

曹慧，2015.全球气候治理中的中国与欧盟：理念、行动、分歧与合作[J].欧洲研究，33(5)：50-65.

《第三次气候变化国家评估报告》编写委员会，2015.第三次气候变化国家评估报告[M].北京：科学出版社.

陈迎，巢清尘，2021.碳达峰、碳中和100问[M].北京：人民日报出版社.

方一平，秦大河，丁永建，2009.气候变化适应性研究综述——现状与趋向[J].干旱区研究，26(3):299-305.

冯蕾，2016.世界瞩目中国倡议中国担当——写在《巴黎协定》生效之际[N/OL].光明日报，https://news.gmw.cn/2016-11/05/content_22832395.html.

国家发展和改革委员会，2013.国家适应气候变化战略2013[R].北京.

国家发展和改革委员会，财政部，住房和城乡建设部，等，2013.关于印发国家适应气候变化战略的通知（发改气候〔2013〕2252号）[Z/OL].http://www.gov.cn/gongbao/content/2014/content_2620283.html.

国务院，2007.国务院关于印发节能减排综合性工作方案的通知（国发〔2007〕15号）[Z/OL].http://www.gov.cn/xxgk/pub/govpublic/mrlm/200803/t20080328_32749.html.

何建坤，2018.《巴黎协定》后全球气候治理的形势与中国的引领作用[J].中国环境与管理，10(1)：9-14.

联合国环境规划署，2020.2020适应差距报告[R/OL].https://www.unep.org/zh-hans/resources/2020shiyingchajubaogao.

刘振民，2016.全球气候治理中的中国贡献[J].求是，(7):56-58.

罗勇，姜彤，夏军，等，2017.中国陆地水循环演变与成因[M].北京：科学出版社.

农业农村部，2018.农业农村部关于印发《农业绿色发展技术导则（2018—2030年）的通知》[Z/OL].http://www.moa.gov.cn/gk/ghjh_1/201807/t20180706_6153629.html.
潘志华，郑大玮，2013.适应气候变化的内涵、机制与理论研究框架初探[J].中国农业资源与区划，34(6):12-17.
彭斯震，何霄嘉，张九天，等，2015.中国适应气候变化政策现状、问题和建议[J].中国人口·资源与环境，25(9):1-7.
秦大河，2018.气候变化科学概论[M].北京：科学出版社.
秦大河，等，2021.中国气候与生态环境演变：2021[M].北京：科学出版社.
解振华，2016.全球气候治理的中国贡献20年累积节能占全球58%[R/OL].http://huanbao.bjx.com.cn/news/20160324/719217.html.
翟盘茂，李茂松，高学杰，等，2009.气候变化与灾害[M].北京：气象出版社.
张永香,巢清尘,李婧华,等，2018.气候变化科学评估与全球治理博弈的中国启示[J].科学通报, 63(23): 2313-2319.
郑国光，2019.中国气候[M].北京：气象出版社.
中华人民共和国国务院新闻办公室，2011.白皮书：中国应对气候变化的政策与行动(2011)[R/OL].http://www.gov.cn/jrzg/2011-11/22/content_2000047.html.
中华人民共和国国务院新闻办公室，2020.白皮书：新时代的中国能源发展[R].人民日报.
中华人民共和国生态环境部，2021.中国应对气候变化的政策与行动2020年度报告[R].北京.
庄贵阳，周宏春，2021.碳达峰碳中和的中国之道[M].北京：中国财政经济出版社.

Contribution of Working Group II to the Fifth Assessment Report of the Intergovernmental Panel on Climate Change, 2014.Climate Change 2014: Impacts, Adaptation, and Vulnerability [R].London: Cambridge University Press.

DDPP, 2019. Climate change and land: an IPCC special report on climate change, desertification, land degradation, sustainable land management, food security, and greenhouse gas fluxes in terrestrial ecosystems [M/OL]. https://www.ipcc.ch/srccl/.

DDPP, 2014. Pathways to Deep Decarbonization: 2014 Report. Sustainable Development Solutions Network (SDSN) and Institute for Sustainable Development and International Relations (IDDRI) [R].

Global Carbon Project- Foundation BNP Paribas, 2019.Territorial CO_2 Emissions in Mt CO_2[J/OL].Global Carbon Atlas 1960–2018.http: // www.Global carbonatlas. org/en/CO_2-emissions.

Lu C H, Jiang J, Chen R D, et al, 2021. Anthropogenic influence on 2019 May–June extremely low precipitation in southwestern China[J]. Bulletin of the American Meteorological Society, S97–S102.

Olivier J, Peters W, 2020.Trend in global CO2 and total greenhouse gas emissions: 2020 Report[R]. The Hague: PBL Netherlands Environmental Assessment Agency.

WHO, 2003. Climate change and human health – risks and responses[M]. Geneva: World Health Organization: 333.